U0003968

LOCUS

LOCUS

LOCUS

LOCUS

from
vision

from 113

遺傳密碼：
我們不是被動的基因繼承者，童年創傷、飲食及生活習慣的改變，都能改變基因體的表現

Inheritance: How Our Genes Change Our Lives, and Our Lives Change Our Genes

作者：薛朗・莫艾倫醫學博士　Sharon Moalem, MD, PhD
譯者：陳志民
責任編輯：邱慧菁
封面設計：我我設計工作室
法律顧問：全理法律事務所董安丹律師
出版者：大塊文化出版股份有限公司
台北市 10550 南京東路四段 25 號 11 樓
www.locuspublishing.com
讀者服務專線：0800-006689
TEL：(02) 87123898　FAX：(02) 87123897
郵撥帳號：18955675　　戶名：大塊文化出版股份有限公司
版權所有　翻印必究

Inheritance: How Our Genes Change Our Lives, and Our Lives Change Our Genes
by Sharon Moalem, MD, PhD
Copyright © 2014 Sharon Moalem
This edition published by arrangement with Grand Central Publishing, New York, USA
through Bardon-Chinese Media Agency（博達著作權代理有限公司）.
Complex Chinese translation copyright © 2016 by Locus Publishing Company
All Rights Reserved.

總經銷：大和書報圖書股份有限公司
地址：新北市新莊區五工五路 2 號
TEL：(02) 89902588 (代表號)　　FAX：(02) 22901658
製版：瑞豐實業股份有限公司
初版一刷：2016 年 3 月

定價：新台幣 320 元
Printed in Taiwan

遺傳密碼

我們不是被動的基因繼承者，童年創傷、飲食及生活習慣的改變，都能改變基因體的表現

Inheritance

How Our Genes Change Our Lives, and Our Lives Change Our Genes

薛朗・莫艾倫 醫學博士 Sharon Moalem, MD, PhD 著

陳志民 譯

獻給席拉

For Shira

目錄

前言
不只繼承，一切都可以改變

還記得你國中一年級時的情形嗎？

你還想得起來同學們的臉孔嗎？叫得出老師、學校祕書、校長的名字嗎？腦海裡還有學校的鐘聲縈迴繚繞嗎？記不記得學校餐廳傳出來的食物香味？還有初戀帶來的心痛？以及在廁所撞見霸凌事件時的驚慌失措？

也許一切回憶都驚人地清晰無比，或者也許隨著時間過去，你的中學時光早已埋沒在諸多兒時回憶的迷霧中。不論你記不記得，這些過往都永遠伴隨著你。

長久以來，我們早已明白，我們都將過去經驗裝入靈魂背包扛在肩上。即使是意識中無法回溯的事，也同樣留存某處，在潛意識心靈中四處遊走，準備在意料之外的時刻突然冒出頭來，不管結果是好是壞。

不過，其實所有的糾結比前述還要更深一層，因爲我們身體的常態，就是不斷地改變與再生——你所有的經驗，無論看似如何微不足道，也不管是霸凌、心碎，還是漢堡的氣味，都會在你身上留下無法磨滅的印記。更重要的是，這些印記還會留在你的基因體裡。

當然，當初在學習那三十億個字母序列構成的基因遺傳（inheritance）方式時，我們大多數人學到的可不是這麼說的。打從遺傳學之父葛利果・孟德爾（Gregor Mendel）在十九世紀中期[1]研究豌豆的遺傳性狀，奠定我們對遺傳學理解的基礎以來，我們學到的一直都是「從我們自前幾個世代那裡遺傳而來的基因，就可以明確預測我們是什麼樣的人。」意思就是：從媽媽那裡抓一點東西，再從爸爸那裡抓一點東西，把它們攪和在一起，就變成你這個人。

這種對基因遺傳的僵化觀點，如今仍是中學生在課堂上研讀的內容。他們依據這樣的概念繪製家族系譜圖，努力理解同學爲什麼會有那樣的眼睛顏色、鬈髮、捲舌，或是多毛的手指。這種課程內容就像是刻在石碑上，由孟德爾本人傳授下來，內容說的是：我們對於自己從前人那裡得到什麼東西，或是能夠給予後代什麼東西，並沒有多大的選擇；因爲我們從雙親那裡獲得的基因遺產，早在懷胎時期就已經完全確定了。

然而，這種觀念完全錯誤。

因爲現在，無論你是坐在辦公桌前啜飲咖啡、慵懶地窩在家裡的躺椅上、在健身房裡猛踩飛輪，還是待在繞著地球轉個不停的國際太空站裡，你的DNA都在不斷更改。它們有如成千上萬個小小燈泡的開關，有的開啓、有的關閉，所有開關都因應你正在做什麼、看到什麼、有什麼感覺而有所改變。

這整個過程的協調與編排，端賴你如何生活、在什麼地方生活、面對什麼樣的壓力，以及你吃下哪些東西來決定。而且，這所有的事情都是可以改變的，我們可以非常肯定地說：你可以改變，在基因方面有所改變。[2]

當然，這不是說我們的生命並非由基因所塑造，基因無疑絕對是最重要的因素。事實上，根據目前的理解，我們的基因遺傳——也就是構成基因體之核苷酸的每一個「字母」——無一例外，與生命關聯及影響方式之複雜，就算是最天馬行空的科幻作家，在距今短短數年前恐怕也想像不出來。

日復一日，我們不斷獲得所需要的工具與知識，協助我們踏上新的基因歷程——我們抓起陳舊圖表，把它攤在自己的生命之桌上，在上頭爲自己、孩子與將來所有子孫標注出新的路線。隨著一個又一個的新發現，我們愈來愈了解基因對我們有什麼影響，以及我們的作爲又對基因產生什麼樣的影響，而這個概念——可變動遺傳（flexible inheritance）——將使一切全然改觀。

飲食與運動、心理學與人際關係、藥物、訴訟、教育、我們的法律、我們的權利、遵循多年的教條，以及深入人心的信念，一切都將改變，甚至包括死亡本身。到目前爲止，我們大多數人都假設在生命結束時，我們的生活經驗也戛然而止，但這同樣是錯的。我們不僅集自身生活經驗之大成，也是父母和祖先生活經歷之大成，因為我們的基因絕不會輕易忘記任何事。

戰爭、和平、盛宴豐年、饑饉荒年、顛沛流離、疾病肆虐……如果我們的祖先撐得過去，能夠存活下來，那麼我們就繼承了這樣的能力。一旦我們獲得這種能力，就很可能把它傳承給下一代，不論用什麼樣的方式。這可能也意味著癌症、阿茲海默症、肥胖或長壽；它可能意味了臨危不亂的優雅表現，或是快樂的本質。

無論是好是壞，我們現在已經知道：接受或拒絕我們的遺傳是可能的，本書正是這趟旅程的指南。在這本書中，我將提及自己身為醫生及科學家所使用的工具，這些工具讓我得以將人類遺傳學領域的最新進展應用於日常看診工作上。我會向大家介紹我的一些病人；我會從諸多臨床案例中，援引一些對我們的生活非常重要的實例詳加說明；我也會告訴你一些我參與的研究工作。

我將談論歷史、探討藝術，並且提及一些超級英雄、體育明星，以及性工作者。我會說明這些事情的關聯性，它們將改變你看待這個世界、甚至你看待自己的方式。我會鼓勵你踏上劃分已知與未知邊界的那條空中鋼索，鋼索上勢必顛簸起伏，卻是值得的，因為上頭的風景絕對教人一見難忘。

我看待世界的方式的確非比尋常，我以遺傳疾病為樣版來了解人體的基本生物學，然後在看似毫無相關的領域上獲得突破性的發現。這種方法對我而言效果卓著，讓我找到了一種專門用來對付超級細菌感染的全新抗生素，命名爲 Siderocillin；除此之外，它還讓我在改善人類健康的創新生物技術方面獲得二十項全球專利。

我有幸能和一些世界上最好的醫生及研究人員合作，私下也接觸到一些最罕見、最複雜的遺傳案例。多年來，我的職業生涯讓我參與了數百人的生活，他們信任我，將他們最重要的人託付給我，也就是他們的孩子。

一言以蔽之，我非常認眞看待這些事。不過，這並不表示這趟旅程會是一場令人生畏的嚴峻體驗，雖然之後將提及的某些事情的確教人心碎，有些觀念也許會對我們的許多核心信念提出挑戰，其中一些想法甚至可能完全驚世駭俗，但如果你願意敞開心胸，接受這個令人驚歎的新世界，它將爲你指引出新的方向，可能會讓你重新思考自己的生活方式，也可能讓你重新就基因層面思考自己究竟如何走到生命的這一刻。

我可以向你保證，在你看完這本書的時候，你的整個基因體，以及基因體協同塑造的生命，不論是看起來或感覺上，都絕對不會再跟以前一樣了。如果你已經準備好，願意用很不一樣的方式來看待遺傳學，我很樂意在這趟歷程中擔任你的嚮導，穿越我們共有過往的分歧之處，通過我們眼前面對的困惑混亂，邁向充滿希望與陷阱的未來。

在這個過程中，我將邀請你踏入我的世界，明白我如何看待基因遺傳。一開始，我會告訴你我的思考方式，一旦你明瞭遺傳學家是怎麼想的，就更能夠準備妥當，迎接我們即將飛升而入的嶄新世界。

我會告訴你，那是一個令人興奮不已的地方；打開這本書，就是一段美好發現歷程的開始。我們究竟從哪裡來？又要往哪裡去？過去得到些什麼？將來又會留傳什麼？這些問題的解答都將揭曉。

這是我們迫在眉睫、無可抵擋的未來，這就是我們的遺傳。

1 歡迎進入遺傳學家的世界

有一段時間，似乎所有紐約的餐館業者都熱中於強調素食、無麩質及經過三重有機認證，將顧客的餐點變成令人暈頭轉向的健康迷宮。菜單上充斥著星號與注解，上菜的侍者搖身一變成爲專家，對於食材的原產地名稱、風味搭配、公平貿易認證無不朗朗上口，連各種脂肪的混雜組合，以及所有讓人困惑不已的 omega 脂肪酸究竟對什麼好、對什麼不好，通通知之甚詳。

然而，傑夫[1]並沒有讓步。這位年輕主廚訓練有素，非常清楚這座城市餐飲界日新月異的口味喜好；他並不是反對健康飲食，只是不認爲這種「有益」的菜單會是自己的首選。所以，儘管其他人都在試驗怎麼用中東小麥伏利卡（freekeh）和奇亞籽（Chia seeds）做菜，傑夫仍然繼續烹調那些教人口水直流、美味得不得了的大分量肉排、馬鈴薯、乳酪，以及一大堆會讓人動脈阻塞，但宛如天堂才做得出來的佳餚。

你的老媽可能會跟你說：做人不能說一套、做一套，自己說的都要做到；傑夫的媽媽也總是告訴他：你煮的必須是自己會吃的東西。傑夫確實做到了，好傢伙，他做得可徹底了。

然而，等到他的驗血結果開始出現低密度脂蛋白膽固醇過高的徵象——這種類型的膽固醇一般簡稱爲LDL，和心臟病風險增高有關——就代表該是有所改變的時候了。傑夫的醫生一聽說這位年輕主廚有明確的心血管疾病家族史，馬上堅持務必盡快進行改變。醫生認爲，如果傑夫不肯大幅改變飲食習慣，包括大量增加每天的蔬果攝取量，那就只剩下吃藥這個方法，才能降低他未來心臟病發作的風險。

做出這樣的診斷結果，對醫生來說並非難事，因爲這是他一直以來受訓的方式。對每個有傑夫這樣的家族病史及LDL檢驗結果的病人，他都會給予同樣的建議。一開始，傑夫相當抗拒這種改變，畢竟餐飲同業給他取的綽號可是「牛排哥」，用來形容他驚人的烹飪手藝與飲食習慣。傑夫認爲，如果他把自己的飲食方式改成吃更多蔬果，豈不是等於自砸招牌？直到最後，由於年輕、漂亮的未婚妻一再敦促，說想要和他白頭偕老，傑夫終於軟化了。他決定，展開人生新篇章的首先步驟，就是運用自己在濃縮醬汁上的烹調技術與天賦，把一些蔬果引進日常菜色中。

但是，有些蔬果實在不是他愛吃的東西，因此設法將其隱藏在料理中成了必要手段。就像那些爲了追求健康、把櫛瓜混進孩子早餐鬆餅裡的父母一樣，傑夫開始在蜜汁和濃縮醬汁中使用大量蔬果，用來搭配他的上等牛排。沒有多久，傑夫不僅在理論上了解醫生大力鼓吹的飲食平衡概念，也眞的身體力行，遵照這樣的理念過日子——把紅肉的分量減少，大幅增加蔬果的分量，早餐和午餐都相當合乎標準。

經過三年多漫長的「正確飲食」時光，加上愈來愈低的膽固醇指數，傑夫認爲他已經戰勝了自己的健康問題。他對自己能靠控制飲食的方式重獲健康深感自豪，畢竟對大多數人而言，這可不是什麼簡單的小成就。

嚴格遵守新的飲食習慣這麼久了，傑夫認爲自己應該感覺更棒才對，但事實上他卻覺得變得更糟糕。他的活力不但沒有增加，反而開始覺得腹脹、噁心、疲倦。針對這些症狀所做的檢查，起初顯示他有輕度的肝功能異常，接著迅速進展到需要做腹部超音波檢查，然後是核磁共振檢查，最後則是肝穿刺切片檢查，結果顯示他得了癌症。

這樣的結果讓所有人都大吃一驚，尤其是他的醫生，因爲傑夫並沒有感染過B型或C型肝炎（可導致肝癌），他既不酗酒，也不曾暴露於任何有毒化學品之中。就這樣一位年輕且相對健康的人而言，他沒有做過任何一點典型可以跟肝癌沾上邊的事；他唯一做過的，就是遵照醫生囑咐，改變自己的飲食習慣。傑夫簡直無法相信發生了什麼事。

果糖甜蜜，也可能致命

對大多數人來說，果糖正是水果嚐起來格外甜蜜、引人喜愛的特點。但如果你像傑夫那樣，罹患一種罕見的遺傳疾病，稱為「遺傳性果糖不耐症」（hereditary fructose intolerance, HFI），你就無法完全分解飲食中所含的果糖，[2]如此會導致有毒代謝產物積聚體內，尤其會累積在肝臟裡，這是因為你無法生產足夠的某一種酶，稱為「果糖二磷酸醛縮酶B」（fructose-bisphosphate aldolase B）。因此，像傑夫這樣的人，一天一顆蘋果不但不會帶來健康，反而可能致命。

值得慶幸的是，傑夫的癌症及早發現，而且它是可以治癒的。新的飲食改變——這次是正確的方式：遠離果糖——意味著他之後有很長一段時間，恐怕都得設法克服紐約風味的誘惑。然而，並不是每個罹患HFI的人都能這麼幸運，許多有這種問題的人，畢生都在抱怨噁心和腹脹的感覺，也就是傑夫吃下大量蔬果之後的感受，但他們始終不知道自己為何如此。而且，在大部分的時候，沒有人會真的把他們的抱怨當一回事，就算是他們的醫生也一樣，直到為時已晚。

有些有HFI問題的人，在生命中的某些階段，會自然發展出對果糖的強烈厭惡感，因此產生保護作用。他們學會避開含有這種糖分的食品，但是並不知道自己為什麼要這麼做。

在傑夫終於了解自己的遺傳性疾病後不久，我和他見了面，也跟他說明了這些事：罹患HFI的人如果拒絕聆聽自己的身體試圖告訴他們的事，或者更糟的是，從醫生那裡得到完全相反的明確醫療指示，那麼他們最後可能會發生癲癇發作或昏迷的現象，甚至因爲器官衰竭或癌症而英年早逝。幸運的是，這種情況已有所改變，而且變化得很快。

沒有多久之前，沒有人——即使是世上最富有的人——可以一窺自己的基因體，因爲根本沒有這樣的科學。然而，時至今日，爲外顯子組（exome）或整個基因體定序，也就是爲組成我們DNA的數百萬個核苷酸「字母」拍張珍貴的基因快照，所需的費用大概還比不上買一台高畫質寬螢幕電視機的價錢，[3]而且費用一天比一天低廉。前所未見、由基因數據所構成的眞正洪流，已經來襲了。

在這些「字母」中，究竟隱藏著什麼訊息呢？首先，傑夫和他的醫生可以根據這些資訊，對如何處理他的HFI及高膽固醇指數問題做出更正確的抉擇；我們也可以運用這些資訊，對可以吃及不可以吃什麼做出適合個人的決定。這些知識有如在你之前活過的所有親屬留傳給你、上頭寫著名字的個人專屬禮物，有了它們，你就有能力做出有益的決策，決定該吃些什麼，以及我們在後面會提到的：該用什麼樣的方式生活。

前述的一切，都不是在暗示傑夫的第一位醫生犯了錯，至少就傳統醫療的思維方式而言，他並沒有錯。自醫學之父希波克拉底（Hippocrates）以降，醫生都是根據之前看過的病人生病時的情況像什麼樣子，來做出他們的診斷。最近幾年來，我們把這個概念擴大，將一些複雜的研究包含進去，依據辛苦得來的統計比率數據，幫助醫生明瞭什麼治療法會對最大多數的人奏效。這個方法眞的很好，在大部分的時間對大多數的人都很好（我們會在第六章更深入探討這個概念。）

但是，傑夫跟大多數的人不一樣，不管任何時間都不一樣。你也不一樣，我們全都不一樣。從第一個人類基因體定序出來，到現在已經十多年了。如今，世界上有些人的基因體已經以這種方式完全或部分現身於世，而且有件事愈來愈清楚：沒有任何一個人——我的意思是完全沒有任何人——算是「一般人」。事實上，在我最近參與的一項研究計劃中，那些被確認爲「健康」、好用來當作遺傳學基準線的人，基因序列總是會有某種類型的變異[4]跟我們之前想的不一樣。通常，這些變異都具有「醫療可行性」（medically actionable），表示我們已經知道它是什麼問題，明白該如何處理。

並不是每個人的基因變異都像傑夫的那樣，會對生活產生嚴重影響，但這不表示我們應該完全忽視這些差異——尤其是現在，因爲我們已經有工具可以觀察及評估它們，而且愈來愈有能力可以用非常個人化的方式介入干預。

然而，不是每個醫生都有這些工具，或是接受過相關訓練，可以代表病人決定該採取這些步驟。因此，在科學發現已經改變我們對治療疾病的看法時，許多保健醫生和他們的病人卻未能及時跟上，但這不是他們的錯。

醫生面臨的挑戰與日俱增，光是懂得遺傳學已經不夠了，時至今日，醫生還得了解表觀遺傳學（epigenetics）才行。這門學問研究的是遺傳性狀在單一世代中究竟如何改變或被改變，以及甚至可能將這些變化傳承到下個世代的情形。

這方面的一個例子就是所謂的「印記」（imprinting），在此情況中，你的某個特定基因究竟是從雙親中的哪一位（母親或父親）遺傳而來的，會比這個基因本身還要重要。俗稱「小胖威利症」、無法節制飲食的普瑞德威利症候群（Prader-Willi syndrome）及臉上常掛笑容的安格曼症候群（Angelman syndrome），正是這類遺傳的實例。表面上看來，這兩種病症似乎風馬牛不相及，實際情況中它們也確實大不相同，但你若針對遺傳方面進一步深究，就會發現一個人究竟會罹患這兩種病症中的哪一種，完全取決於這個人從雙親中哪位遺傳到印記基因（imprinted gene）。

在這個仍將孟德爾於十九世紀中葉寫就，其實過分簡化的二元基因遺傳定律奉爲圭臬的世界裡，許多醫生面對迅速興起的二十一世紀遺傳學世界，都有種措手不及的茫然感——就像坐在馬車上，眼看著子彈列車從身旁颼颼飛馳而過的那種感覺。

醫學最終還是會迎頭趕上，因爲它向來如此。不過，在這個情況發生之前（老實說，即使發生之後也是一樣），各位難道不想要盡可能多獲得一些資訊，來增強自己的力量嗎？如果你的答案是肯定的，很好，這就是接下來我要為各位做的事，也和我當初第一次見到傑夫時為他做的事一樣：我要為你做個檢查。我一直都覺得學習事物的最佳途徑，就是直接上場採取行動，所以讓我們捲起衣袖，開始動手吧！

免抽血，一起來檢查你的基因特徵

沒錯，你沒看錯，我是真的要你把衣袖捲起來。別擔心，我並不是要拿根針戳你一下好抽點血，這不是我的目的，其實我也無法做到。我的病人常常以為這是我第一步會做的事，但他們都搞錯了。我只是想好好瞧瞧你的手臂，觸摸一下，感覺你的皮膚肌理，看看你如何彎曲手肘；我還想要把我的手指貼上去，順著你的腕關節滑動，仔細凝視你手掌上的那些紋路。

光靠觀察這些東西，不用別的，不需要血液、唾液或毛髮樣本，你的第一次基因檢查就已經開始了，我也已經知道不少與你有關的事情。

有時候大家會以為只要醫生對你的基因有興趣，第一樣該檢查的東西就是你的DNA。雖然有些細胞遺傳學家，也就是研究你的基因體究竟如何組裝在一起的人，的確會用顯微鏡來觀察一個人的DNA，但這個方法一般只是用來確認你的基因體中所有的染色體是否完整，還有數目和順序對不對。

染色體很小，直徑只有數微米（一微米是百萬分之一公尺），但我們在適當的情況下可以看得到它們，甚至有可能看得到你的染色體是否有一小部分缺失、重複或倒置。但是，我們看得到一個個的基因嗎？也就是DNA上小得要命、具有極度特定性，能夠決定你是什麼樣的人的那些序列？這就比較困難了，就算放大到最極致的尺度，DNA看起來也像是一條捲纏起來的繩子，也許有點類似包裝精美的生日禮物上面那些捲曲的裝飾緞帶。

雖然我們確實有辦法拆開禮物，鉅細靡遺看清楚裡面所有的一切，但是一般而言，這麼做牽涉到的過程包括加熱一股股DNA，使它們分開，用某一種酶讓它們進行複製，並在某個特定位置斷開，再添加化學物質，讓它們變成可看得見。這麼做最後得到的圖片，很可能比任何照片、X光片或核磁共振造影結果，更能具體呈現你是個什麼樣的人。這件事很重要，因爲它能讓我們深入了解你的DNA，在醫學上有著不可或缺的重要地位。

不過，這並不是我現在感興趣的部分。只要你知道該尋找些什麼，像是耳垂上小小的橫向皺摺，或是眉毛的特定弧度，你就可以很快地把一種外型特徵與某種特定的遺傳或先天問題聯結在一起——這就是爲什麼我只是先盯著病人瞧而已。如果你也願意用這種方式看看自己，趕快去找一面鏡子，或是走進浴室，仔細瞧瞧你的漂亮臉龐。我們都對自己的面容知之甚詳，或者至少自以爲如此，就讓我們趕快開始吧！

你的臉孔對稱嗎？你雙眼的顏色相同嗎？你的眼眶是凹陷的嗎？你是薄唇，還是豐唇？

額頭寬廣嗎？太陽穴比較狹窄嗎？你的鼻梁是否特別突出？還是你有個特別小的下巴？現在，請仔細看看你雙眼之間的距離，你的眼距超過一隻眼睛寬嗎？如果是的話，你可能就有一種解剖學特徵，稱爲「眼距過寬症」（orbital hypertelorism）。

別緊張，雖然有時醫師在辨識某些特定情況或外型特徵，尤其是用了什麼「症」之類的字眼時，就會讓病人心裡拉起警報，但如果你的眼距只是稍微有點過寬，就沒什麼好擔心的。事實上，如果你的眼距碰巧比大多數人稍微寬一點，還會被列入俊男美女之列呢！美國前第一夫人賈姬・甘迺迪・歐納西斯（Jackie Kennedy Onassis）及好萊塢影星蜜雪兒・菲佛（Michelle Pfeiffer），正是眼距較寬、顯得與眾不同的名人中的兩個例子。

當我們盯著別人的臉孔瞧時，眼距稍寬一點是讓我們下意識覺得對方較有吸引力的特色之一。社會心理學家已經證明，不論是男人還是女人，都傾向於評定眼距略寬者的臉孔比較討人喜歡。[5]事實上，模特兒經紀公司在尋找新人時，會刻意搜尋具有這種性狀的人，而且他們這麼做已經好幾十年了。[6]

那我們爲何會將輕微的眼距過寬與美麗畫上等號呢？從十九世紀這位法國商人路易・威登・馬利蒂（Louis Vuitton Malletier）的故事，可以得到很好的解釋。

LV商標與生物學標記

你或許知道路易．威登是世上最昂貴、最漂亮手提包的製造商之一，也是時尚帝國的創始者，如今名列世上最有價值奢華品牌之林。但時光回溯至一八三七年，年輕的路易第一次來到巴黎時，他的野心並沒有那麼大。十六歲時，他找到一份為富有的巴黎旅客打包行李的差事，同時也在某個當地商人手下擔任學徒，這位商人以製造堅固耐用的旅行大皮箱而出名——你也許會想起在祖父母家的閣樓裡看過這種貼滿貼紙的大皮箱。[7]

你可能會認為現在行李搬運員對待行李的方式很粗魯，但若是和過往歷史相較，他們對待你的旅行箱已經算是溫柔得很了。在那個搭船旅行的時代，不管到哪家地方型百貨公司，都買不到現在這種價格低廉的新型旅行箱，當時的旅行箱眞的得經得起粗暴對待才行。在路易威登的行李箱面世之前，大部分的行李箱並不防水，所以這些旅行箱的頂部必須做成圓形的，才不會積水，這點讓這些箱子很難堆疊起來，而且也比較不耐用。路易的巧妙革新方式，是採用打蠟帆布來取代皮革，這麼做不僅箱子可以防水，也很容易改換成平頂設計，使得裡面的衣物及貨品都能保持乾燥。就當時的船舶運輸而言，這可是一大功勞。

不過，路易遇上了一個問題：對那些並不熟悉他的行李箱設計克服了多少挑戰，而且耗費多大成本的人們，要如何讓他們了解自己買到的是高品質的好貨色呢？這點在巴黎並不是什麼大問題，因爲優秀的行李箱製造商唯一需要的行銷策略就是口碑，但若想讓生意擴展到這座「光明之城」（La Ville Lumière）以外的地方，顯然會是比較難以達成的任務。

讓這種困境更爲雪上加霜的，是路易和他的後代一直未能擺脫的挑戰——仿冒品。到了同是行李箱製造者的對手開始抄襲他那種四四方方的設計，但並未在品質上同步跟進時，路易的兒子喬治斯（Georges Vuitton）想出了那個傑出的 LV 字母相扣標誌，這是法國最早出現的品牌商標之一。有了這個標誌，買家一目瞭然，馬上就知道自己買的是不是眞貨，這個商標就是品質的代號。

然而，談到生物方面的品質，人類可不是天生就有明顯的標誌可以讓別人看得到。因此，經過數百萬年的演化過程，我們逐漸發展出一些用來評估他人的粗略方法；這些方法讓我們可以只憑一眼，就得知三件需要知道的重要事情：血緣關係、健康，以及父母適任性。

面容的相似性除了讓人想到血緣關係，例如我們常聽到：「你也知道，他長得跟他老爸像一個模子印出來的！」，我們通常很少會想到這張臉蛋究竟從何而來。其實面部五官如何形成，眞的是個相當引人入勝的故事，宛如上演一場錯綜複雜的胚胎學芭蕾舞劇，任何微小的發育缺失，都會永久銘刻在我們的臉上，讓所有觀衆看見。故事始於胚胎生命的第四週左右，臉孔的外層部分會從五個隆起的部位開始發育（想像一下這些部位就像黏土一樣，慢慢形塑成我們未來的臉龐），最後這些部位會合併、塑形、融合，形成連續不斷的表面。如果這些區域未能平順融合及附著在一起，因而留下空隙，就會形成裂隙（cleft）。

有些裂隙會導致比較嚴重的結果，但有些裂隙根本沒什麼，只會形成下巴上可見的小凹窩，例如好萊塢演員班・艾佛列克（Ben Affleck）、卡萊・葛倫（Cary Grant）、潔西卡・辛普森（Jessica Simpson）等，就是幾位下巴上有個小裂隙或「酒窩」的代表性人物。這種凹窩也可能出現在鼻子上，不妨回想一下導演史蒂芬・史匹柏（Steven Spielberg）和法國演員傑哈・德巴狄厄（Gérard Depardieu）的模樣。不過，在一些其他的情況中，裂隙同樣有可能在皮膚上留下一個大缺口，暴露出內部的肌肉、組織及骨骼，成爲感染的入口。

由於臉部有這麼多部位，因此成爲我們最重要的生物學標記；就像路易威登的商標一樣，我們的臉孔透露大量的基因訊息，等於展現遺傳自胚胎發育以來完成的作品。基於這個原因，我們這個物種早在渾然不知其眞正意義的情況下，就已經學會特別注意臉孔帶來的那些線索，因爲這是我們評估周遭的人、爲他們分出等級，以及和他們產生聯繫的最快方法。這種行爲的意義絕對超過膚淺的層次，不管我們喜不喜歡這件事，但臉部外觀可以透露出我們發育與遺傳的歷史，你的臉孔透露出許多和你的大腦相關的訊息。

面部形成的結果，可以顯示你的大腦是否在正常條件下成長；在這場品評人類的遺傳比賽裡，幾公釐的差距都可能很重要。這點可能有助於解釋爲何在諸多不同文化及不同世代裡，比大多數人稍微開闊一點的眼距，總是能夠特別吸引我們的目光。單就這點來討論，有超過四百種以上的遺傳疾病，都有眼距異常這項特徵。舉例來說，全前腦症（holoprosencephaly）指的是兩邊大腦半球未能正常成形，有這種問題的人除了可能有癲癇發作及智能障礙之外，還可能有眼距過窄症（orbital hypotelorism），也就是兩眼相距非常近。眼距過窄症和范康尼氏貧血（Fanconi anemia）也有關聯，這是具德系猶太人或南非黑人血統者相當常見的遺傳性疾病，[8]這種病症通常會造成漸進性骨髓衰竭，並且增加患者罹患惡性腫瘤的風險。

你的臉孔透露出許多事

基因遺傳與物質環境交匯，共同構成我們的成長發育公路，眼距過寬或過窄只不過是奔馳其上時沿路看見的兩個路標而已，其他該注意的標誌還多著呢。我們再來好好瞧瞧其中一些吧！請再看看鏡中的自己一眼，你的外眼角比內眼角低、還是高？在內外眼角之間、將上下眼瞼分開的這道裂隙叫做「瞼裂」（palpebral fissure），如果外眼角高於內眼角，我們稱爲「上斜瞼裂」（眼形像「倒八」），對很多亞裔血統的人而言，這是完全正常的，也是一個定義性特徵；不過，對其他血統的人來說，明顯的外斜瞼裂可能是某種遺傳性疾病的特定徵象，像是第二十一對染色體三體症（Trisomy 21），或稱爲「唐氏症候群」（Down syndrome）。

同樣地，如果內眼角比外眼角高（眼形像「八」），也有個術語可描述：下斜瞼裂。這種情況同樣可能不代表什麼，但也可能是馬凡氏症候群（Marfan syndrome）的指標，這是一種遺傳性結締組織疾病，已故演員文森．薛維利（Vincent Schiavelli）就是一個例子。他在電影《飛越杜鵑窩》（*One Flew Over the Cuckoo's Nest*）中飾演佛卓克森（Fredrickson）一角，在《開放的美國學府》（*Fast Times at Ridgemont High*）中飾演瓦格斯先生（Mr. Vargas），選角專家認爲薛維利是個「有著哀傷眼睛的男人」，但對了解相關線索的人來說，這樣的眼睛是種標記，若是還伴隨著扁平足、較短的下顎，以及其他一些身體特徵，就代表一種遺傳疾病。如果沒有進行治療，可能導致心臟疾病發生，因而縮短患者壽命。

運用同樣的方法，可以發現另一種對身體健康比較沒有那麼大損害的情形，稱爲「虹膜異色症」（heterochromia iridum），此解剖學特徵是指一個人兩眼的虹膜顏色不相同，這通常是因爲產生黑色素的黑色素細胞遷移不平均所引起的。說到這裡，你可能馬上就會想到搖滾樂手大衛．鮑伊（David Bowie），因爲他顯著不同的雙眼曾引發不少討論，不過如果你瞧個仔細，便可看出鮑伊的眼睛並不是不同顏色，而是有隻眼睛的瞳孔擴大了，這其實是他在高中時期爲了某個女孩跟別人打架的結果。

演員蜜拉．庫妮絲（Mila Kunis）、凱特．柏絲沃（Kate Bosworth）、黛咪．摩爾（Demi Moore），以及丹．艾克洛德（Dan Aykroyd），這幾位才眞的是虹膜異色俱樂部的成員。就算你可能對這幾位或全部的演員相當熟悉，你可能仍然沒有注意到這件事，因爲虹膜不同顏色通常是不大明顯的。而且，在你認識的人當中，說不定就有人有虹膜異色症，但你也許從來不知道這件事。畢竟，在一般的情況下，我們並不會花很多時間盯著朋友或熟人的眼睛瞧——話雖如此，你這輩子可能還是會遇上某些人，他們的眼神足以燃燒你的靈魂。

除了我們摯愛的那些人之外，我們會記得的眼睛，通常只有藍得有如完美切割之藍寶石那樣燦爛驚人的眼睛。不過，這種宛若寶石的漂亮眼睛，卻是色素細胞在胚胎發育過程中完全遷移失敗，未能抵達目的地的結果。如果擁有這樣的藍眼睛，再伴隨前額有撮白髮，我馬上就會聯想到「瓦登伯革氏症候群」（Waardenburg syndrome）。要是你有一股頭髮缺乏色素、雙眼虹膜不同色、鼻梁較寬、聽覺也有問題，你很可能就有這種病症。瓦登伯革氏症候群有幾種不同類型，最常見的是第一型，是因爲一種稱爲ＰＡＸ３的基因產生變異所引起，這個基因在細胞從胚胎脊髓往外遷移的過程中扮演舉足輕重的角色。

研究這種基因在瓦登伯革氏症候群患者身上如何作用，所得到的知識可能對了解其他更常見的疾病很有助益；一般認爲，ＰＡＸ３也和最致命的皮膚癌類型——黑色素瘤有關。這又是個很好的例子，說明隱藏在我們身體之內的運作方式，如何透過罕見遺傳性疾病明顯地展現出來。[9]

接下來，讓我們把注意力移向睫毛。雖然有些人覺得睫毛沒什麼稀奇，事實上有一整個產業都致力於要我們對這個部位多花點心思。如果你想讓睫毛看起來更濃密，你可以考慮戴上假睫毛，或者甚至嘗試能增長眼睫毛的藥物，品牌名稱是「雅睫思」（Latisse）。

不過，在你著手進行任何這類行動之前，我希望你可以先仔細瞧瞧自己的眼睫毛，看看你是不是能看到超過一排以上的睫毛。如果你發現你的睫毛比一排還要多一些，甚至多出一整排來，這樣的情況叫做「雙行睫」（distichiasis），你也算列入俊男美女之列了，「玉婆」伊莉莎白・泰勒（Elizabeth Taylor）是唯一和你擁有同樣情況的例子。有趣的是，一般認爲擁有多一排的睫毛，也是淋巴水腫—雙行睫症候群（lymphedema-distichiasis syndrome, LD）的症狀之一，這種病和 FOXC2 基因的變異有關。這種病名裡的「淋巴水腫」，指的是體液無法正常引流排出，就像你長途飛行坐得太久之後，往往鞋子變得不合腳的那種情形。患有這種疾病的人，水腫的情況在腿部特別明顯。

然而，並不是每個睫毛多一排的人都會有水腫的症狀，而且我們也不清楚爲何如此。你或你所愛的人可能就有多一排的睫毛，但是從來沒有人注意到這件事，直到現在。你永遠不知道當你開始用這種方法觀察別人時，會發現一些什麼事，這正是去年發生在我身上的情形。我和老婆坐在餐桌前吃晚飯，我一直以爲她是用了睫毛膏，才能擁有極其濃密的上睫毛，但是我錯了，我的老婆有雙行睫。

雖然她並沒有 LD 的任何其他相關症狀，但是我簡直不敢相信，居然在過了五年多的婚姻生活之後，我才注意到這個事實。這件事讓我在遺傳方面有了新的領悟：原來經過那麼多年以後，我們仍然可能在另一半身上找到新的特質；我眞的從來沒想過自己居然會錯過多一排睫毛這種特徵。這件事證明了我們的臉龐可能是未經完整探索的廣闊遺傳景觀，你只需要知道該如何觀察。

到目前爲止，你也許找到自己臉上有某項特徵，可以和某種遺傳疾病扯上關係？但其實你有很大的機會根本沒有那種疾病。事實上，每個人就某個方面來說都是「不正常」的，因此很少可以把某種單一外型特徵與某種相關疾病聯結在一起。只有把這些特徵一個個詳細分析再結合起來，像是眼睛的間距及傾斜角度、鼻子的形狀、睫毛有幾排等，方能得到與這個人相關的大量資訊。

正是這種完形（gestalt）資料，才足以讓我們不須深入研究基因體，也能據此做出遺傳診斷。沒錯，一些臨床上的疑惑，通常需要直接透過基因檢測才能解答，但徹底爬梳一個人的整個基因體時若沒有特定目標，便有如過濾、篩選整座沙灘上的沙子，只爲了尋覓一顆稍微不同的沙粒。我們十分肯定，這絕對是令人望而生畏的繁重任務，唯有仰賴電腦才可能完成。如果能確定你到底要找些什麼，絕對會有幫助。

遇見蘇珊

最近，我參加了一場晚宴，與會者包括我老婆的一些朋友。從前我並沒有見過他們，結果我一直沒有辦法把目光從女主人的臉上移開。

蘇珊的兩眼距離稍微開了一點——眼距過寬，而且寬得足以讓人注意到這件事。她的鼻梁比大多數人的扁平一點點，唇紅緣的唇峰（這是醫生描述上唇形狀的術語）距離明顯比較開，個子也比一般標準稍微矮一點。

她的頭髮在肩頭上飛舞，我呆呆地盯著她瞧，希望能夠一瞥她的頸項。我假裝正在讚賞牆上那幅罕見的法國海報，那是已逝法國導演法蘭索瓦．楚浮（François Truffaut）一九五九年《四百擊》（*The 400 Blows*）的電影海報，一邊盡可能不引人注意地伸長脖子，想要偷窺一眼。

沒有多久，我老婆就發現我昭然若揭的蠢樣，把我拉到旁邊安靜的走廊裡說：「不要這樣！你又在盯著別人看了嗎？你要是再盯著蘇珊瞧，別人就要想歪了。」

我回答：「我就是忍不住嘛！還記得那天我看到妳的眼睫毛嗎？有時候我就是沒辦法停下來。老實說，我覺得蘇珊有努南氏症候群（Noonan syndrome）耶。」

我老婆白了我一眼，完全清楚之後事態會如何進行：這晚接下來的時間，我會變成一個很糟糕的同伴，不停就女主人的外表反覆思考任何可能的診斷結果。

有件事一定得說一下：一旦你學會如何觀察，禮貌這件事很容易就被拋到九霄雲外去了，而且要你不這麼看幾乎變成不可能的事。你可能聽說過，很多醫生都相信他們擔負著某種道德義務，看到迫切需要幫助的人，一定得停下來伸出援手，例如在救護人員尚未抵達的事故現場。這些醫生所受的訓練，就是要看出一些嚴重的、甚至威脅生命的疾病可能性，但如果他們遇上的是其他人完全看不出異常的情況，又該怎麼做呢？

我愈是研究蘇珊的特徵，愈是陷入一個明顯的道德難題：女主人和其他賓客當然都不是我的病人，他們肯定也不是邀請我來診斷他們是否具有任何遺傳或先天性的疾病，我和這位女士才初次見面，該怎麼開口談論這個話題呢？或者，我要如何阻止自己脫口而出，提到她異於常人的外表，包括她的眼睛、鼻子、嘴脣，還有延伸出來連接脖子與肩膀的皮膚，正是這種疾病的招牌特徵，稱爲「蹼狀頸」（webbed neck），很可能表示她患有某種遺傳疾病？努南氏症候群除了會影響後代之外，也和潛在的心臟疾病、學習障礙、血液凝固不良，以及其他一堆麻煩症狀有關。

努南氏症候群是諸多所謂「隱性疾病」中的一種，和這類疾病相關的性狀也不全是那麼不尋常，就像多一排睫毛一樣，人們往往不知道自己有這些問題，直到他們開始尋找這些徵象時才會明白事實。但我又不能直接走過去對她說：「謝謝妳邀請我們來吃晚餐，那道大豆製成的天貝（tempeh）眞是美味。順便提一下，妳知道妳罹患了一種潛在致命的體染色體顯性遺傳疾病嗎？」

當然，我並沒有這麼說，我決定只問問她家裡有沒有她結婚時拍的照片，我想這能幫助我釐清她究竟有沒有努南氏症，因爲這種病通常是從罹病的父親或母親那兒遺傳而來的。在看完了兩本相冊，以及數不清的新娘與母親的合照之後，明顯可以看出她與母親的外型特徵有許多共通之處。

我在心裡想：「沒錯，確實是努南氏症。」

我開了口，希望能夠溫和、平靜地引入這個話題：「哇！妳長得和令堂眞的好像耶。」

「是啊，大家經常這麼說，」這是她的第一個反應：「其實，夫人稍微跟我提過你的工作……」

在那個節骨眼，我眞不知道這段對話會往哪個方向走，幸好蘇珊很仁慈地幫我解了圍：「家母和我都有一種遺傳性疾病，叫做努南氏症候群。你聽說過這種病症嗎？」

原來，蘇珊很了解自己的問題，但其他沒幾個人知道這件事。參加這個派對而且認識她比我還久的那些朋友，都很驚訝我怎麼能憑一些他們幾乎沒注意到的細微外表差異，就能診斷出她的病情。但事實就是如此，有些事不用當醫生也能做到，每個人都會這麼做，你上次這麼做可能是看到某個唐氏症患者，你的眼睛正在搜尋那些特徵標記——上斜瞼裂、偏短的手臂和手指、位置偏低的耳朵、塌鼻梁等，雖然你可能沒有想到，但你已經在進行快速的遺傳診斷了。等到你這輩子看過夠多的唐氏症患者之後，就能夠不知不覺地查閱完心裡的那份清單，做出醫學上的結論。[10]

我們可以靠這種方式辨識出上千種疾病，這種功夫練得愈精巧，想要不這麼做就會變得更加困難。有時候這點眞的很討厭（可想而知，對我老婆而言，有時確實如此），而且可能會毀掉好好的一場晚宴。不過，這種能力還是很重要的，因爲有時觀察一個人的外觀，會是確認他們是否具有遺傳或先天性疾病的唯一方法。信不信由你，待會兒你就會明白，我們有時就是沒有任何其他可靠的檢測方法可用。

人中、掌紋和手指，同樣有跡可尋

再回來瞧瞧你鼻子和上脣之間的區域，這裡有兩條垂直線劃分出人中部位。在我們早期發育的過程中，好幾片組織正好就是移行到這個位置後彼此接合，就像大陸棚會碰撞在一起形成山脈一樣。

還記得我說過我們的臉孔很像路易威登的商標，是代表我們的基因品質與發育歷史的標記嗎？現在，如果你看不大出來自己人中部位的直線，而且這個區域有點平坦，你的眼睛又有點太小或分得比較開，再加上鼻子還有點朝天，那麼你的母親在懷你的期間可能喝了酒，讓胎兒暴露在一場糟透了的風暴裡，稱爲「胎兒酒精譜系障礙」（fetal alcohol spectrum disorder, FASD）。我們一聽到這些字眼就會心驚膽戰，因爲一般認爲FASD是許多毀滅性障礙問題的集合，它的確可能如此，但也可能只有輕度的表現，有時只看得到少數臉部的外型線索，其他幾乎沒什麼毛病。儘管在過去十年中，我們在醫學及遺傳學上已然經歷許多驚人突破，但到目前爲止，除了像你此時爲自己進行的這種臉部視察方法之外，我們對這種病還是沒有更明確的檢驗方式。[11]

把焦點再拉回來，我們來看看你的手。既然你現在對特定性狀及性狀的組合能提供個人基因構成資訊已經有了概念，就可以用我會採用的方式來瞧瞧你自己的手了。我們先看掌紋，你有幾條主要的掌紋？我有一條大的彎曲掌紋與拇指相對，還有兩條掌紋橫過手指下方。你的手指下方只有一條掌紋橫過手掌，即俗稱的「斷掌」嗎？這可能和 FASD 或第二十一對染色體三體症有關；不過請放心，有約一〇％的人至少有一隻手擁有這種不正常的掌紋，但完全沒有任何代表遺傳性疾病的其他指標。

你的手指呢？是否特別長？如果是的話，你可能有蜘蛛指（arachnodactyly），[12]這種疾病患者有細長的手指，可能與馬凡氏症候群或其他遺傳疾病有關。既然我們正在觀察你的手指，那就看一下它們往指甲方向是否逐漸變細？你的指甲甲床是否呈凹陷狀？現在，請仔細瞧瞧你的小指，是直的嗎？還是朝著其他手指的方向往內彎？如果你的小指有獨特的彎曲曲線，你可能有某種問題，叫做「彎指」（clinodactyly），這也許和超過六十種症狀有關，但也可能是個別問題，完全無害。

別忘了你的拇指，它們很粗嗎？看起來和你的大腳趾很像嗎？如果是這樣，那就是所謂的「D 型短指」（brachydactyly type D），要是你有這個問題，你就和包括《變形金鋼》（*Transformers*）女主角梅根．福克斯（Megan Fox）在內的一些人是同一國的。不過，你從梅根拍的摩托羅拉二〇一〇年超級盃廣告中看不到這一點，因爲導演用了替身拇指。[13]這個情況也可能是先天性巨結腸症（Hirschsprung's disease）的症狀之一，這種病會影響你的小腸功能。

下一項檢查，你可能會需要找個隱祕一點的地方。如果你是在家裡，或是在任何其他你不會覺得不自在的地方讀這本書，請你將鞋襪脫掉，輕輕地把第二個和第三個腳趾拉開。如果你發現中間有片額外的小皮瓣，那麼你的第二號染色體上的長臂就帶有變異，相關的疾病叫做「第一型併指」（syndactyly type 1）。[14]

在發育的第一階段中，所有人一開始所擁有的手，看起來都像是棒球手套那個樣子。但在發育過程中，我們將逐漸失去手指之間的蹼狀物，這是因爲我們的基因會協助發出指示，要求手指和腳趾之間的皮膚細胞死去。然而，有時候這些細胞並不願意離開，所以就繼續留在我們的手或腳上，但這不是世界末日。一般來說，動手術可以修復罕見的嚴重併指畸形，但也有很多人會開始在這些腳趾間的額外皮膚上發揮創意，運用紋身或穿洞的方式，讓這塊大多數人都沒有的多餘表皮區域變得更時髦，引人注目。

如果你的孩子有這種問題，但年紀還沒大到能夠從事這類人體藝術，你還是可以告訴他們：這會讓他們變成更棒的泳者，因爲鴨子正是如此。當鴨子浮在水面上時，是運用牠們的蹼足來達成平衡，並且划水推動自己往前進；爲了尋找食物而鑽進水中時，牠們也是靠蹼足才能像噴射機那樣游動。

爲什麼鴨子腳上的蹼能夠保留下來呢？這要歸功於一種蛋白質的表現，這種蛋白質叫做Gremlin，它的作用有點像是細胞的危機顧問，可以說服鴨子腳趾之間的細胞，叫它們不要像大多數其他鳥類及人類的腳趾間細胞那樣自殺。如果沒有Gremlin，鴨腳可能就會變得像雞腳一樣，但這對需要下水的鴨子並沒有什麼好處。

接下來，我要請你試試能不能彎曲自己的拇指碰觸到手腕？你可以把小指往後扳到超過九十度嗎？如果可以，你可能患有一種相當普遍、而且還未能做出全面性診斷的疾病，稱爲「埃勒斯—當洛二氏症候群」（Ehlers-Danlos syndrome）。你也許會需要開始服用一種藥物：血管收縮素II型受體阻斷劑（angiotensin II receptor blocker），這種藥物目前正在進行臨床試驗，能讓你的主動脈不會剝離或撕裂。這件事聽起來很神奇，但沒錯，是真的，只要對你的手做些簡單評估，就能看出你是否隸屬心血管併發症風險較大的族群。

這就是有些醫生運用遺傳學獲取臨床所需資訊的方式。沒錯，我們有時也會運用高科技工具，把你的遺傳圖譜當作壁畫觀賞，或是熬夜在線上資料庫研究你的基因序列，有如電腦程式設計師努力從一段複雜程式碼中找出錯誤那樣。不過，其實我們通常是用一些低科技方式的組合來診斷病情，有時一些簡單、微妙的線索組合起來，再用高科技的方法加以分析，就能提供我們最需要的資料，告訴我們在你體內最微小的深處究竟發生了什麼事。

遺傳學家的臨床工作

眞正臨床診療時又是什麼樣子的呢？嗯，在見到病人之前，通常我都會先拿到別的醫師開具的轉診單，所以在某個美好的日子裡，我會收到一封說明詳盡的信，解釋爲何某位醫師希望我看看他的病人，以及他們關切的特定問題究竟是什麼。有時候，他們還會提出很有學問的猜測結果。

不過，事情其實通常都不是這個樣子的。一般來說，我讀到的往往是簡短而曖昧含糊的術語，像是「發育遲緩」；其他情況下，我收到的訊息可能是：「多毛症或皮膚上有多處色斑，沿著胚胎期及嬰兒期皮膚生長的軌跡布拉許口氏線（lines of Blaschko）分布。」沒錯，經過那麼多年之後，電腦終於消滅了一種挑戰：我們不必再像過去那樣，必須絞盡腦汁才能解讀醫生們惡名昭彰的拙劣字跡，但我們似乎仍以運用複雜、深奧的語言爲傲。

當然，情況還可能更糟。過去，有些醫生會在病歷或轉診單上標注「F. L. K.」，這個詞的意思很沒禮貌，表示「怪模怪樣的孩子（funny-looking kid）。」這是醫學上的簡略說法，眞正的含意是：「我不確定到底出了什麼問題，但是看起來就是不對勁。」不過，現在這個縮寫已經被更改爲更科學、更精確、更富同情心的字眼：「畸形」（dysmorphic），只是這仍然是個模糊的敘述。

只需要看到幾個字眼，我腦袋裡的思緒就會開始轉個不停。就算根本還沒有見到病人，只要一有人告訴我患者有畸形問題，便會馬上啓動已內化在我腦子裡的所有演算法，讓我開始想到自己必須記得詢問病患及其家人哪些重要事項。此時，我也會考量目前已經得到哪些線索，例如病人的名字有時可以提示他們的種族背景，這點對許多遺傳性疾病來說是重要因素；而且，某些文化有家族內通婚的悠久歷史，所以名字同樣能帶來一些訊息，讓我知道患者雙親有親戚關係的可能性有多大。[15] 年齡大小可以告訴我患者的疾病大概在哪個發展階段，至於患者是從哪一科的醫師那裡轉診過來的，則可以讓我明白他們最明顯或最急迫的症狀是什麼。這些對我而言，都只是第一階段。

第二階段始於我踏入檢查室的那一刻。你可能聽說過，那些負責求職面試審核的面試官，在一見到應徵者的前幾秒內，已經可以得到大量相關資訊了。對醫生來說也是一樣的，我幾乎一見到病人，就已經開始解構他們的面孔，和你對著鏡子檢查自己臉龐的方式差不多。我會細看患者的眼睛、鼻子、人中、嘴巴、下巴，以及其他幾個標的部位，然後試著重新排列這些部位，再把它們一個一個安置回去。在我開口詢問病人任何事情之前，我會先問問自己：這個人究竟有什麼地方不一樣？

畸形學（dysmorphology）是一個相當新的研究領域，這門學問運用臉、手、腳，以及身體其他部位的各個小部分，提供與個人基因遺傳相關的線索。此領域的信徒會嘗試辨識哪些外觀線索代表遺傳疾病的存在，這個方式和藝術專家運用知識及工具來鑑定畫作或雕塑品的眞僞相當類似。[16]

畸形學也是我見到新病人之後，從我的工具箱裡取出來的第一種工具。當然，事情不是這樣就結束了，在我的工作完成之前，我還會想知道更多與你相關的訊息。就是這點，讓我和大多數醫生有些許差異，你也知道的，大部分的醫生只想了解你的某個部分，例如心臟科醫師想看到你的心臟精神飽滿地抽吸跳動，過敏科醫師可能很清楚你對花粉、環境污染物和其他個人性毒物有什麼反應，骨科醫師照顧你最重要的那些骨骼，足科醫師則專職呵護你的寶貴雙腳。

然而，我身爲你的醫生，又對遺傳學特別有興趣，我想要看到的是很大一部分的你。我會仔細察看你的每一個部位、每一道曲線、每一條裂隙、每一處瘀青，以及每一個祕密。

深深鎖在你的細胞核裡的，是一本百科全書，內容包括你現在是什麼樣的人，過去經歷過哪些事，還有一大堆線索點出你將來會往哪兒去。當然，有些鎖會比其他鎖更容易撬開，但所有的東西早就都在裡面了。你需要知道的，只是到底該看哪裡，以及該怎麼去看。

2 基因不乖的時候

在古典遺傳學的現代世界裡，勞夫就等於是孟德爾的豌豆。好幾年以來，這位產量驚人的丹麥籍捐精者，可說是大受歡迎的遺傳基本元件供應商，只要搭配全球各地那些滿懷渴望的母親們所提供的遺傳物質，就能生產出數量相當符合預測，將來會長得高大、健壯的金髮小孩。有那麼一陣子，似乎每個人都想在這場熱鬧湊上一腳。

捐一次精子可以拿到五百丹麥克朗，* 許多擁有適當貨品的年輕小夥子——一般而言，必須要有令人滿意的身體與智力特徵，加上夠高的精子濃度——紛紛踏上捐精之路，為丹麥的收支平衡貢獻一份心力。當地社會對此舉的寬容態度，再加上維京人的魅力，遂使人類精

* 依照二〇一六年一月分的匯率，約爲新台幣二四五六元。

液成爲這個國家大受外界歡迎的出口產品。[1]不過，就算依斯堪地納維亞的標準來衡量，勞夫都算是十足多產的代表。

由於擔心將來會出現毫不知情的後代子女在某個街頭不期而遇，甚至彼此看對眼一拍即合的情節，像勞夫這樣的捐精者，都應該在當上二十五個孩子的父親之後就停止捐精；不過，似乎沒有人想出要怎樣做，才能知道某人已經達到這個限制。檔案照片上的勞夫，身著紅色背心及愛迪達短褲，騎著一輛三輪自行車；他實在太受歡迎了，在他自願停止捐精之後，仍有一些期盼當上父母的夫婦指名要他的基因，甚至在網上留言板貼出訊息，詢問是否有額外的小瓶冷凍勞夫精液可供購買。

最後，這位大部分接受捐精對象只知道代號是七〇四二號捐精者的男子，成爲至少四十三名兒童的生父，這些兒童分布在幾個不同的國家裡。事實證明，勞夫播下的不只是他的北歐燕麥種子，他也在自己不知情的情況下把壞種散播出去——他傳遞的某個基因，會導致身體長出多餘組織，產生令人困擾且影響生活的結果，包括大量像麻袋那樣鬆垂下來的皮膚、嚴重的面部畸形，以及有如爛瘡般布滿全身的深紅色贅生物。這種會產生腫瘤的疾病，稱爲「神經纖維瘤第一型」(neurofibromatosis type 1, ＮＦ１)，它也會造成學習困難、失明及癲癇發作。

這位七〇四二號捐精者與其不幸後代的故事引發大眾關注，導致丹麥政府迅速修改那條管制每位捐精者可以成爲幾個孩童父親的法律。[2]但對某些家庭而言，這樣的行動成效微不足道，而且爲時已晚。DNA已經散播出去，寶寶已經生出來了，基因已經遺傳下去了。這些遺傳定律最初是在十九世紀中葉，由現代遺傳學之父孟德爾所建立的，雖然至今仍然可用，但在二十一世紀卻不是那麼吃得開。

爲什麼在勞夫的後代遭受某種疾病折磨的同時，他本人卻似乎沒有因爲這種病而吃到什麼苦頭呢？

孟德爾和他的豌豆

孟德爾對豌豆並不是那麼感興趣，至少在一開始不是；這位求知心旺盛的年輕修道士，本來是想用小鼠做實驗的。結果，一位名叫安東・恩斯特・薛夫高區（Anton Ernst Schaffgotsch）的嚴厲老者改變了孟德爾的研究方向，也因爲如此，薛夫高區改變了歷史。

各位要知道，在孟德爾那個時代，如果你是個一心嚮往藝術創作或科學發現的修道士，最好的選擇莫過於因應聖召，進入聖湯馬斯修道院（St. Thomas's Abbey）。這座不起眼的僧院位於布爾諾（Brünn）的山腰，在現今的捷克境內。

長久以來，聖湯馬斯修道院裡的修道士，都是一群不愛依循正軌行事的神職人員。當然，他們始終記得自己的主要職責仍是服侍上主，但在修道院搖搖欲墜的磚牆範圍內，他們仍然自行發展出一套鑽研知識的學院文化。祈禱之餘要探討哲學，冥想之外要研究數學，其他該深究的還有音樂、藝術和詩歌，科學當然也包括在內。

即使時至今日，這些修道士的共同發現、深刻遠見，以及喧鬧刺耳的爭辯之聲，恐怕同樣會讓教會領導者頭痛不已。無論如何，在教宗庇護九世（Pius IX）冗長的威權統治任期內，這些修道士的集體成就算是帶著十足的顛覆意味。薛夫高區主教對於這點，可是絲毫也不覺得有趣。事實上，根據孟德爾的日記敘述，主教之所以能夠容忍修道院裡那些本職以外的活動，純粹是因爲他並不是眞的很了解那些東西。

一開始的時候，孟德爾的小鼠交配習性研究看起來似乎很單純，但是到了後來，這項研究對薛夫高區而言實在太過火了。[3]首先，籠子裡那些齧齒動物在孟德爾有著石板地的寬敞住處散發出惡臭，薛夫高區覺得這點和一個奧古斯丁修會修士該做到的生活整潔顯然格格不入。然後，還有「性」的問題。

孟德爾和聖湯馬斯其他所有修士一樣，都發過誓要遵守神聖的貞潔戒律，但他現在卻似乎對這些毛茸茸的小動物如何交媾著了迷。薛夫高區覺得這樣太離譜了，因此嚴厲、冷峻的主教下了命令，要求好奇的年輕修士關閉他那間小鼠妓院。如果孟德爾正如他自己宣稱的那樣，關心的純粹只是生物性狀如何從上一代傳給下一代，那麼即使改用不那麼令人想入非非的其他實驗對象，應該也會覺得滿意才是。例如，改用豌豆？

孟德爾可眞的是被逗樂了，這位淘氣的修士心中思忖：主教似乎並不明白，「植物同樣也是有性行爲的。」因此，在接下來的八年中，孟德爾種植並研究了將近三萬株的豌豆。透過盡忠職守的詳細觀察與記錄，他發現這種植物的一些性狀，例如豆莖長短、豆莢顏色，從上一代傳給下一代時會依循某種特定模式。這些發現爲我們對基因的認識打下基礎，讓我們知道基因總是成對起舞，如果有個基因對另一個基因而言爲顯性，或者兩個隱性基因攜手跳起你來我往的探戈舞，便會顯現出某種特定的性狀。

我們不可能知道若是當初孟德爾繼續用小鼠做實驗會有什麼結果；如果他研究的是這類行爲更爲複雜的生物，那麼在追求如何持續培育出綠色長莖光滑豌豆時所達成的那些發現，恐怕就會完全與他失之交臂。不過，話又說回來，要是有足夠的時間，能讓這位行事一絲不苟的修士好好地觀察他的小鼠耳鬢廝磨，他也很可能會在偶然之間發現一些更具革命性意義的東西——那些他的追隨者花了超過一個世紀以上的時光才開始認清的東西。無論如何，事實是這樣的：孟德爾將他的發現首度發表在《布爾諾自然歷史學會會刊》上，但這本雜誌並沒有什麼名氣，科學界對他的研究成果反應也是一片冷淡。一直到二十世紀初，這些發現再從谷底翻身時，孟德爾早已作古多年，長眠在城中的中央公墓裡。

然而，就像許多見識深遠者的成就，往往要到死後才受世人肯定一樣，孟德爾的發現流傳了下來，最初展現於染色體和基因鑑定上，後來則反映在ＤＮＡ的發現與排序方面。不過，有個基本的概念自始至終貫徹其中：我們是什麼樣的人，從我們自前幾個世代繼承而來的基因，絕對可以預測得出來。

孟德爾把他發現的這種規則稱爲「遺傳」（inheritance），[4]經過這麼多年之後，我們對這種基因遺產的看法如下：它就是某種從上一代傳遞給下一代的二元指令，有如陳舊老朽的傳家寶，繼承者不見得想要接收，卻又無法丟掉它，就像勞夫留下的那種不幸的基因遺產。但這到底是怎麼一回事呢？勞夫究竟是不是偏離了孟德爾的豌豆定律？不然爲何在這麼多子嗣都明顯受到影響的情況下，他自己卻沒有出現任何可見的徵象？

基因的表現度不同，造成截然不同的命運

那種貫穿勞夫整個血統的遺傳疾病，遵循的是體染色體顯性遺傳的模式，這表示你只需要有一個基因產生突變，就會受到某種特定疾病的影響。假如你確實遺傳到引發問題的基因，那麼你將它傳給下一代每個孩子的機會都是五〇％。我們長久以來所了解的孟德爾定律告訴我們：如果你運氣不好，接收到遵循這種遺傳模式類型的突變基因，你就會出現同樣的病徵。

你在學校念的遺傳學大致上是這麼說的：提到顯微鏡下那些分子等級的神奇物質可以決定我們是什麼樣的人這碼子事時，只要畫出家族系譜圖，就可以讓一切看起來都變得好簡單，而且老實說，還讓人忍不住想相信我們眞的都已經搞懂這回事了。當然，隨著時間過

去，這門學問又變得更複雜一些，但一切都從一個概念開始，這個概念很快就變成了教條，那就是：基因是成對出現的，如果其中一個基因對另一個基因而言爲顯性，它所代表的特定性狀就會表現出來。所有的一切，從褐色眼睛、捲舌能力、手指背面長毛、一直到分離的耳垂，全都被視爲顯性基因支配的結果。而且，根據這樣的概念，一般認爲要兩個隱性基因配對，才能產生如藍眼睛或拇指後彎這類比較不容易出現的性狀。

然而，如果基因遺傳眞的都像這樣運作的話，那麼勞夫本人，以及在各個不同診所日復一日看到他前往捐精的那些人，爲什麼都沒看出他患有這樣影響生活的疾病？這是因爲孟德爾雖然對科學貢獻良多，卻遺漏了一件非常重要的事：基因的表現度不一致（variable expressivity）現象。[5]

神經纖維瘤第一型和許多其他遺傳疾病一樣，會以各種不同方式表現出來，有時根本輕微到難以辨識。這就是爲什麼沒有人，顯然包括勞夫本人，知道這個可怕的祕密。勞夫的病情得以無人知情，正是拜表現度不一致所賜。這也是同一種基因卻能以截然不同方式改變我們生命的原因，一模一樣的基因在不同人身上，並非永遠表現出同樣的結果，即使在DNA完全相同的人們身上也不例外。

以皮爾森家的亞當與尼爾（Adam and Neil Pearson）爲例，他們是同卵雙胞胎，一般認爲，這兩兄弟擁有的基因體應該無法區分，包括導致神經纖維瘤第一型的基因變化在內。但亞當有一張浮腫變形的臉，程度嚴重到曾經有個喝醉酒的夜店客人以爲那是一副面具，伸手想要把它扯下來。相反地，尼爾從某個特定角度看過去，幾乎可以冒充湯姆・克魯斯（Tom Cruise），但他卻有記憶喪失和偶爾癲癇發作的毛病。[6]

完全相同的基因，卻有完全不同的表現。那麼，所有那些我在第一章裡，帶著你一路觀察過的身體特徵呢？那些特徵是某些遺傳疾病常見的表現，一般而言，的確暗示可能有這類疾病的存在；不過，這些性狀當然並未涵蓋這些遺傳疾病所有的表現範圍。

前述的一切事實，都會促使我們發出疑問：爲什麼這些表現會有差異？答案是：這是因爲我們的基因並不是以非此即彼的二元化方式反應在我們的生命上。接下來，我們將學到的甚至和孟德爾的發現正好相反：就算我們的遺傳基因像是鑲嵌在石頭上那樣恆定不變，但這些基因的表現卻絕對不是這麼一回事。雖然一開頭我們是透過孟德爾的黑白鏡頭來認識遺傳學，但是從今天起，我們將開始了解用全彩眼光及基因表現度的觀點來觀看所有事物，是具有多麼大的威力。

這就是爲什麼我們這些身爲醫生的人，正在面臨一項全新的挑戰。病人總是期望我們能夠提供清楚、明確的答案：到底是良性，還是惡性？可以治療，還是沒藥醫？需要向病人解釋遺傳學時，最難以說明的部分，就是那些過去我們自以爲已經知道的一切，其實都不是固定不變或黑白分明的。找出向病人解釋的最好方式，已經變得愈來愈具關鍵重要性，因爲他們需要得到可能有所幫助的最佳資訊，才能做出對生命而言最重要的一些抉擇。

你的行爲可以，而且眞的會支配你的遺傳命運，這就是爲什麼現在我想跟你談談凱文。

改變不了命運，也許可以改變結果

那時凱文二十來歲，身材高大健壯、外表英俊迷人、腦袋靈活聰明。如果當時我知道有誰正在尋覓適合交往的單身漢，而且這麼做不算是超級違反職業道德的話，我很可能會爲凱文作媒。

也許是因爲我們的年紀差不多，又來自相似的背景，也許是因爲我們兩人都在同一時期捲入同一件醫療保健事務裡——只是兩人南轅北轍，正好位處醫療光譜的兩端；無論如何，我們似乎眞的有了某種連結。

我遇見凱文的時候，他的母親剛去世沒多久，過世前曾和轉移性胰臟神經內分泌腫瘤英勇纏鬥多年。在凱文的母親離開人世之前，有位機靈的腫瘤科醫生建議她進行基因檢測，檢測結果顯示：她的逢希伯—林道（von Hippel-Lindau）腫瘤抑制基因正中央部位產生突變。

「逢希伯—林道症候群」（von Hippel-Lindau syndrome, VHL）是一種遺傳性疾病，患者容易罹患腫瘤及惡性腫瘤，這些腫瘤可能會長在大腦、眼睛、內耳、腎臟或胰臟裡。有些研究者認爲，惡名昭彰的「哈特菲爾德－麥考伊家族世仇」（Hatfield-McCoy feud）——十九世紀美國西維吉尼亞州和肯塔基州邊界兩個家族之間長達數十年的衝突械鬥——很可能有一部分就是因VHL而引發的，因爲麥考伊家族後裔有多人在同樣時期罹患腎上腺腫瘤，而這種毛病會造成脾氣暴躁。[7]當然，並不是每位罹患VHL的人都會有這樣的症狀，這又是另一個表現度不一致的例子。

就像勞夫遺傳給下一代造成NF1的突變基因一樣，引發VHL的基因也是以體染色體顯性遺傳方式遺傳下來的，這表示你只需要從父親或母親那裡得到一個出了毛病的基因，就會受到影響。由於VHL是一種體染色體顯性遺傳疾病，所以我們知道凱文有五〇%的機率從母親那方遺傳到問題基因，這點已足以說服他接受檢查，確認是否有同樣的突變情形。結果，事實證明，他的確遺傳到這樣的基因。

VHL無法治癒，但我們一知道某人罹患了這種疾病，就能在腫瘤出現症狀之前加強監測，原本我以爲這會是凱文之後的治療過程。大部分遺傳到突變或有缺失之VHL基因的人，至少在一開始時，還是可以仰賴另外那個能夠正常工作的基因來維持細胞的正常生長，防止腫瘤和惡性腫瘤形成。我們把這個過程稱爲「努德森假說」（Knudson hypothesis），意指兩項以上的基因改變，便會創造出能夠發展成癌症的條件。如果你知道自己距離癌症只有一個基因那麼遠，就像凱文透過基因檢測發現的事實那樣，你應該會更小心對待自己的基因。舉凡輻射線、有機溶劑、重金屬，還有暴露於植物毒素及眞菌毒素中，都會破壞你的基因或使其產生不利的改變，但這些也只是一部分因素而已。

問題是，在受影響者的生命歷程中，ＶＨＬ可能會以許多不同方式呈現，永遠不知道它會在何時何地忽然蹦出來，這意味我們必須密切監控所有的一切。像這樣的篩選及治療方案，恐怕得需要一整個醫生與協同醫護人員組成的團隊共同合作才能執行，而且病人整個餘生都得接受這樣的照護。

不出所料，凱文想知道他接下來的日子，到底還能期望些什麼？但是，因爲ＶＨＬ有可能以這麼多種不同的方式表現出來，我發現這個問題實在很難回答，只能反覆重申監測方案的重要，以及他即將面對的最大風險可能是哪一類型的惡性腫瘤。

他問：「所以，你的意思是……我們不知道我最後會因什麼而死？」

我回答：「有很多療法都能對付ＶＨＬ引發的腫瘤，尤其只要早期發現的話。我們也不知道你到底會不會因爲ＶＨＬ而死呀！」

「每個人都不免一死的。」凱文輕聲笑了起來。

我臉紅了：「當然，但如果接受治療的話……」

「整個下半輩子都得這樣做？」

「是啊，很可能是這樣，但……」

「三天兩頭就要跑醫院、做檢查，還要承受長期監測的壓力，抽一大堆血，而且永遠不確定……」

「沒錯，是有很有事要做，不過也有其他選擇……」

「永遠都有很多其他選擇。」他說這句話的時候，臉上帶著微笑，正因如此，我看得出來他已經做了決定。

幾年後，我很難過聽說凱文罹患了亮細胞轉移性腎癌。這一次，他仍然拒絕任何常規治療，結果不久後就去世了。

你可能正覺得納悶，爲什麼這會是個表現度不一致的例子？畢竟，凱文不是可悲地英年早逝，跟他母親一樣嗎？但其實凱文是死於完全不同類型的癌症，而且過世時的年紀比他母親還年輕；很不幸地，表現度不一致的確有時會讓基因以不同於前一代或同一代的方式表現出來。如果凱文願意讓他的治療團隊運用醫療監測技術密切關注他的身體狀況，就能在診斷結果出來後及早治療他罹患的那種腎臟癌，但他卻選擇不這麼做。雖然凱文有這樣的基因遺傳，但他純粹只需要詢問這種情況應該要做哪類影像監測，然後遵循醫囑行事，也許就不會死得那麼早。

任何牽涉到自身健康與性命的事，能夠做出選擇的，當然就是我們自己。這個可變動的遺傳命運，很多方面都操之在己，只要我們知道該問哪些問題，得到答案後又該如何處理。[8]

流動的生命樂章

若想更了解可變動遺傳的概念基礎，讓我們先赴法國南特的尙・雷米圖書館（Jean Remy Library, Nantes）一遊。區區數年前，就是在這個地方，有位圖書館員在翻查舊檔案時，翻出了一張早就被人遺忘的散頁樂譜。

樂譜的紙張泛黃變脆，書寫於古老紙漿上的墨跡早已褪色，但那些音符仍然清晰，旋律依舊留存其上。沒花多少時間，研究者就確定這一小張歸檔在圖書館檔案庫裡，被人遺忘了一個世紀以上的紙片，其實是極其罕見的莫扎特（Wolfgang Amadeus Mozart）手稿眞品。[9]

此段旋律由D大調的幾個小節構成，根據猜測，應該是這位作曲家在過世前幾年寫出來的。和莫扎特其他總數超過六百首以上的作品一樣，這段樂曲正是來自古典作曲家的一組指令，指示橫跨數世紀的所有音樂家該如何演奏。莫扎特似乎是倚音（appoggiatura）的粉絲，這種會解決在主音上的簡短不協和音，爲現代流行歌手愛黛兒（Adele Laurie Blue Adkins）令人心碎的抒情歌〈像你這樣的人〉（"Someone Like You"）帶來獨特的頹唐魅力。[10] 雖然大多數現代作曲家會改用十六分音符代替倚音，但這只不過是音樂演化的一小步而已；所以，像烏爾里赫・萊辛格（Ulrich Leisinger）這類鋼琴家——他是奧地利薩爾斯堡莫扎特基金會（Salzburg Mozarteum Foundation）研究活動的指導者——自然可以憑藉這樣的手稿，就讓佚失已久的曲調重現。而且，萊辛格這個傢伙眞夠幸運，居然能用莫扎特當年親手彈過的六十一鍵鋼琴來彈奏這些樂曲，在兩百二十多年前，莫扎特就是在同一台鋼琴上譜出許多協奏曲。[11]

這首樂曲一開始彈奏，便跨越了空間與時間，有如打破金氏世界紀錄的英國長青科幻影集《超時空博士》（*Doctor Who*）裡，那座搖搖晃晃但其實是時光旅行機的老舊警察崗哨，以一段淘氣的裝飾樂段在現代世界突然現形。自萊辛格訓練有素的耳朵聽來，這些音符演奏時浮現出來的曲調，無疑是一首《信經》（credo）——宗教禮拜儀式的旋律。這點讓這首樂曲有如瓶中信一般，傳達出久遠的訊息；雖然莫扎特早年作了很多宗教音樂，但有些學者相當質疑信仰在他後期生活中所占的分量，他們認爲就算有的話，也不會太重要。

從手稿的筆跡和紙張來研判，研究人員得出結論：這份樂譜大約是在一七八七年所寫的，那個時候的莫扎特正處於爲巡迴歌劇譜曲的穩定工作期，金錢上沒有後顧之憂，並不需要譜寫教會歌曲。因此，萊辛格認爲這段樂曲，揭示了莫扎特在後期生活中對神學仍有積極的興趣。

這些資訊只是來自那幾十個音符，而這大致上也正是我們長久以來對ＤＮＡ的認知。現代樂手用同樣的方式，可以藉由閱讀莫札特的指示，以幾近完美的程度精確重現這些音樂，揭示其中隱含的複雜性；我們認爲，基因遺產應該也像樂譜一樣，上面寫著我們自己的生命樂章。就某種程度而言，事實的確如此。

不過，這並不是整個故事的全貌。我們現在正處於覺醒階段，對於我們的基因自我、甚至人類的演化譜系，不時都有新的認識。我們絕對不是DNA編碼所定命運的奴隸，不會像過時的iPod那樣，只能唱著永恆的悲歌。我們已經知道，每個人都有相當大的可變動性，有天賦的能力可以改變曲調，可以用不同方式演奏自己的音樂；而且，正由於我們能夠這麼做，也破除了部分之前對孟德爾二元遺傳命定論的理解。

這是因為生命及在背後支持它的遺傳學，並非如同破爛、老舊的紙張，而是猶如燈光昏暗的爵士音樂俱樂部。也許就像是泰圖酒店（Taitu Hotel）裡的爵士森巴酒吧那樣；這座酒吧位於衣索比亞首都阿迪斯阿貝巴（Addis Ababa）活力悸動的市中心，世界各地的紅男綠女來到此處，讓自己的笑聲與色慾在杯觥交錯與煙霧繚繞中盡情放浪。

你聽：

酒杯碰撞叮叮噹噹，椅子一陣陣拖動的聲音，還有人們的咕噥低語。

然後，從朦朧幽暗的舞台上，傳來低音大提琴的聲音：

蹦姆—蹦姆—蹦姆……吧嗒—蹦姆—蹦姆……吧嗒。

接著是鼓刷在小鼓上發出輕聲細語：

沙—嘶嘶……沙—嘶嘶……沙—嘶嘶——沙—沙—嘶嘶。

還有一支加了弱音器的老舊小號：

吧啦……吧─得─嗒……吧啦─得─得─吧─嗒。

最後，一個撩人的女聲響起：

噢嗚嗚─呀……吧嗒……吧啊啊……哈呀……哈呀……哈呀……吧嗒─呀嘎。

這不過是最基本的低音線，然而生命中所有的尊嚴與悲劇，已層層疊疊地覆蓋其上。在我們穿越成長發育里程碑的大洋、跨入成年之境時，我們的確需要一套層次分明、精密複雜的遺傳管弦樂編制法，好用來奏爲圭臬。我們所有人都是從一份樂譜開始的，這份樂譜比莫扎特的還要古老，其中一些音符年代之久遠，甚至與地球上最初的生命齊齡。

然而，生命除了早已內建的部分之外，其實還有很大的空間可以即興發揮，就像演奏樂曲時還能有節拍、音色、音調、音量、力度等的變化。透過微小的化學過程，你的身體運用身上每個基因的方式，就像音樂家運用樂器一樣，彈奏方式可以響亮、輕柔、急遽、緩慢，甚至可以視需要採用完全不一樣的方式演奏。就像無人能比的馬友友能用他那把一七一二年製的史特拉底瓦里名琴演奏任何曲子一樣，從布拉姆斯（Johannes Brahms）到美國鄉村音樂分支的藍草音樂（bluegrass），通通不成問題。這就是基因的「表現」（expression）。

如果一路深入，進到我們最幽深細微的內部，其實所有人都是在做非常類似的事情：翻騰、攪動微量的生物能量，用來讓我們的基因配合生活需求改變表現方式。就像生命中的極致經驗與當下的情況會影響音樂家彈奏樂器的方式一樣，我們的細胞也是在某些引導之下做出表現，這些引導來自之前已經發生過的事，以及當前每一刻即將作用在細胞上的事。

基於這點，讓我們來做個實驗吧！先來伸展一下，動一動你的身體，讓自己舒服一點。現在，請試著將精神集中在你的呼吸上，吸氣，再吐氣。呼吸過幾回之後，請大聲（或者至少要小聲說出口）告訴自己：我在這個世界上做的所有事，對我自己及周遭的人都有很大的價值。然後，好好感受一下這個方法可以讓自己獲得多大的激勵——或是讓你覺得自己眞的很蠢。

就是這樣，就是現在，就在你的身體裡面，你的基因從你一開始伸展就已經動工，以便對你剛剛所做的事情產生反應。任何有意識的動作，都是經由大腦發送訊號而引發的。這些訊號自大腦出發後，經過神經系統，往下傳到受激發的下運動神經元，再一路通達你的肌肉纖維。這些肌肉纖維裡，含有肌動蛋白（actin）和肌凝蛋白（myosin），兩者共享這個生化之吻，將化學能轉化爲機械功。經過這樣的程序後，你的基因就必須開始工作，以恢復消耗掉的化學成分。你的大腦每次下了一個或一連串的行動命令，不管是按下遙控器上的音量鈕，還是去跑超級馬拉松，都得耗掉一些化學原料。

你腦袋裡的想法，同樣會不斷地影響你的基因，使基因必須隨時間進展而移動、改變，才能讓細胞機制與你設定的期望值及體驗過的經歷校準對齊。你會不斷地製造回憶，還會有情緒與期待，在我們所有的細胞裡，這一切都會被編碼起來，就像書寫在舊書頁邊空白處的評注一樣。這個任務落在大腦的幾百兆個突觸上，它們是神經元與細胞之間的連接點；那些用來溝通的訊號會隨時更動，因此突觸需要不停地補充極小量的化學物質，而這些化學物質都是由身體產生的。很多這些神經元，會不停地尋求機會生成新的連接點，同時也會努力保持已有數十年歷史的舊連接點。

所有這一切的發生，都是為了反應你的生活需求。這所有的一切，也都會讓你產生改變，雖然也許只是像倚音與十六分音符之間那樣的些微差異，也許更小，甚至小到可以忽略不計。但是，透過表現的可變動性，你的生活剛剛改變了基因的曲調。

你覺得自己很特別嗎？這是應該的，但你還是要謙卑一點，因為接下來我們將會看到：這種類型的變化，在各種生命形式中都見得到，不管生命形式是大或小。而且，也不是只有生物體才會調整對生活挑戰的反應，許多企業同樣會運用完全相同的策略來操控市場，或是調整貨品的生產量。

我們馬上就要談到，這些策略有的早在你出生之前便已制定出來，一直到每次有人單膝下跪求婚時仍然管用。現在正是適當時機，讓我提出另一種方式，來幫助大家了解基因表現的可變動性。

鑽石、汽車、ipad Mini、太空人和基因表現的共通之處

如果你正在市場上尋覓你的第一顆閃亮美鑽，或是你正打算買一顆比手頭原有鑽石更高檔的貨色，那麼你可能會想要知道一個鑽石產業的小祕密：鑽石和其他類型的寶石不同，它其實並不是那麼罕見。

這是眞的，鑽石多得很，一大把又一大把的鑽石，大的、小的、藍色的、粉紅色的、黑色的，在幾十個國家都開採得到，在各大洲皆有出產，只有南極洲除外。不過，澳洲的研究人員最近報告在南極附近發現角礫雲母橄欖岩，這是一種火山岩，裡面往往含有豐富的鑽石，所以也許在南極開採到鑽石只是遲早的事。[12]

知道這點之後，如果你曾經花上好幾個月的薪水去買鑽石，如果你對供給與需求還算有點概念，那麼你可能會覺得這件事有些不合理：如果明明就有那麼多鑽石，爲什麼它們還是如此昂貴？關於這點，你就要完全歸功給鑽石公司戴比爾斯（De Beers）了。

這家備受爭議的公司成立於一八八八年，總部設在盧森堡大公國，擁有世界上最大量的寶石庫存，而且大部分都被藏起來了。從開採、生產、加工到製造，戴比爾斯控制了鑽石的整個製程，幾十年來幾乎壟斷全球的鑽石交易所。他們只在適當時間釋放適量鑽石產品進入市場，以保持市場穩定，讓價格居高不下，這可確保這種相較之下還算常見的石頭，在旁觀

者的眼中（或是對他們的錢包而言）一直都很珍貴。[13]

其餘的，就得靠精明的營銷技倆了。在第二次世界大戰之前，很少人會在訂婚時交換戒指，而且鑽石只不過是戒指上鑲嵌寶石的諸多選擇之一。一九三八年，戴比爾斯聘請一位麥迪遜大道廣告商人傑若德・勞克（Gerold Lauck）設法說服年輕人，告訴他們只有獻上這種在高壓下形成的閃亮純碳，才是向未來伴侶表達求婚意向的唯一好辦法。到了一九四〇年代初期，勞克的銷售魔法已經成功讓西方世界很大一部分的人相信：鑽石確實是女人最好的朋友。[14]

汽車大亨亨利・福特（Henry Ford）應該也很想用這種方法來壟斷市場，他當然可能想過和別人共謀這麼做，但汽車及其生產過程如此複雜，在那個時代，他無可選擇，只能乖乖地和大批供應商打交道。這點一直讓福特煩得不得了，這位眾所周知的人民大亨，也許是世界上第一位知名的「工業效率」信徒——我們現在已經了解，基因體進行基因表現時所採用的許多策略，同樣是基於這個概念——毫不意外地，福特花了很多時間，想要盡可能簡化汽車的整個製程。

他在一九二二年出版的著作《我的生活與工作》（*My Life and Work*）中如此寫道：「我們發現，在購買材料時，購入超過立即需要的材料是不划算的。我們只買進足夠配合生產計劃的材料，同時把當前的運輸條件也列入考慮。」[15]

唉！福特發出喟嘆，因爲當時的交通狀況距離完善仍有一大段距離，如果交通情況夠完美的話，他說：「……那就再也不需要有庫存了。一車一車的原料都能依照排好的日程、計劃好的順序及數量送來，生產出來的汽車則靠鐵路運輸送走。這樣的話，可以節省大量金錢，因爲流通率大幅提高，就能減少套牢在材料上的資金。」

福特說的這些話都是先見之明，但他一直到自己進了墳墓，也未能解決這個問題。最後是仰賴日本汽車製造商達成這項大躍進，建立起供應鏈與即時需求緊密相依的生產系統，這種製程現在稱爲「即時生產」（just in time, JIT）。根據企業界的傳說，豐田汽車（Toyota）的幾位主管於一九五〇年代在美國接觸到JIT，但他們並不是在當時造訪的美國汽車公司裡看到的，而是在順道旅遊的途中，從一家叫做「小豬商店」（Piggly Wiggly）的自助式超市裡見識到的。那是這家連鎖超市採用的創新方法之一，貨品一從架上被拿走時，就立刻自動補上存貨。[16]

採用這類技術有許多好處，最主要的是只要運用得當，就能同時大大賺錢、也大大省錢。當然，這麼做也不是沒有風險，最大的問題就是整個製程會對供應環節所受的衝擊極度敏感，像是自然災害或工人罷工之類的事件，都有可能讓原料運送中斷。一旦發生這種情形，整座工廠只能停工，顧客就得空手而回。蘋果公司（Apple Inc.）體驗過另一種與JIT製造業息息相關的缺點：一股前所未見的 iPad Mini 搶購風潮，幾乎讓這家公司生產此項產品的能力完全癱瘓，因爲他們未能及時補充原料給工廠。

了解企業如何運用某些與基因表現類似的策略，可以幫助我們了解大多數細胞爲了降低存活所需成本所採用的生物策略。我們的身體和那些企業一樣，對最基本底限的要求是十分嚴峻的，如此我們才有可能持續存活下去。就這部分而言，我們採用的比較接近好市多（Costco）的經營模式，而不是沃爾瑪（Walmart）的經營模式。既然我們每次運用基因做任何事都會耗費生物成本，所以我們的目標就是讓每次做的事都收受最好效果。就像好市多對員工的要求一樣，我們在生物學上的配置，同樣設定爲追求更高的勞動生產率——意思是說，我們的目標是運用最少量的「酶」員工，把需要做到的工作完成。

酶的行爲表現，有如在顯微鏡下才看得到的微小分子機器，正是根據我們的基因編碼生成之結構的一個例子。有些酶可以加快化學過程，其他一些酶，例如胃蛋白酶原（pepsinogen），在活化後可以幫助消化蛋白質類的食物，還有隸屬細胞色素 P450 一族的酶，能夠幫助我們排除在有意無意之間吃下的毒素。大體而言，我們只在需要的時候生產需要的東西，並且會試著將庫存保持在最低限度，我們是透過基因表現來做到這件事。

就像需要耗上幾百萬年的時間和大量壓力才能形成鑽石，酶的生成也得耗費昂貴的生物成本。爲了減輕生產成本，我們體內有很多酶是經過誘導才生成的；意思是說，當我們需要某種酶的時候，身體可以徵召更多資源，生產出更多酶，而且隨叫隨做，大量生產在生物學上相當於 iPad Mini 的產品，以滿足增加的需求。你可能早就遺傳到會促使某種酶生產的基因，但這並不保證你的身體一定會用到它。

你這輩子很可能在某個時刻體驗到前述過程，卻渾然不知自己在這個過程中扮演了主動的角色。如果你曾經貪杯狂飲，也許是在某個連放好幾日的長週末假期裡，那麼你就經歷過這件事。爲了回應你的狂歡作樂，你的肝臟細胞會拚命加班，好製造出所需數量的酶，才有辦法應付如洪水般不斷湧來的瑪格麗特雞尾酒。

這些爲了配合需求而增量生產出來的工具——在這個例子裡，是分解酒精的乙醇脫氫酶（alcohol dehydrogenase）——一直都存在，潛伏在你的肝細胞裡，隨時準備應付你的下一番狂飲熱潮。但它們的存量並不大，就像多餘零件堆積在工廠地板上一樣，在你沒有過度飲酒的時候，太多的酶不但占用空間，而且生產及維護的費用也很高。

幾乎整個生物世界都是以這樣的方式運作，盡量精簡維持生命的成本，而且非得如此不可，因爲把所有能量都耗在你還不打算使用的酶上，就得從日常該關注的其他功能，例如大腦不斷學習而重新塑形的過程，挪用珍貴資源。

此外，太空人也算提供了一個很好的例子，他們在抵達國際太空站之後沒多久，心臟的大小就會縮減差不多四分之一。[17] 把機械增壓三百匹馬力的福特野馬（Mustang），換成馬力不到一半的寶馬迷你（Mini Cooper），在加油時自然可以爲你省下大把鈔票。太空人的情況正是如此，處在失重的太空環境裡，意味著他們不需要那麼大顆的心臟引擎。[18]但這也是爲什麼一返回地球、重新感受重力時，太空旅行者往往會覺得頭昏眼花，甚至失去知覺；因爲他們的心臟就像打算奮力開上陡峭山路的寶馬迷你一樣，無法將足夠的血液與裡面所含的關鍵物質——氧氣——送達大腦。

你不必登上太空站，也能讓自己的心臟縮小：只要躺在床上幾週，你的心臟就會開始萎縮。[19]不過，人體的恢復能力也相當驚人，我們只要設法讓身體相信現在很需要力量就行了，而且這麼做也不見得一定會很辛苦，因爲我們的細胞具有驚人的可塑性。不管什麼事，只要每天都做，就能讓身體和基因告訴它們原本該有的樣子產生很大的差異——這可謂另一項遺傳方面的動機，告訴我們不要再一直賴在沙發上。

黃色小花告訴我們的事

最後，在我們離開「基因表現」這個話題之前，還有一件事我想和大家一起探討。乍看之下，水毛茛（Ranunculus flabellaris）似乎沒什麼了不起，這種黃花水生毛茛在美國和加拿大南部森林濕地大量生長，其貌不揚，沒什麼看頭。不過，如果你找到它，其實你看到的是一種可以根據自己離水多遠而完全改變外觀的植物，我們將這種行爲稱爲「異形葉性」（heterophylly）。

毛莨通常沿著河岸生長，這種地方對植物而言有些危險，因爲河流一年到頭都有可能氾濫成災，對像毛莨這種纖弱的小花來說，淹水算是致命的危險，但是這樣的棲地並沒有嚇倒它們；相反地，它們反而蓬勃生長。這是因爲基因表現賦予它們完全改變葉形的能力，它們可以從圓形葉片變成細長髮絲狀葉片，一旦河水淹過岸邊之後，它們可以漂浮在水上。[20]

即使發生這樣的變化，毛莨的基因體仍然跟原來的一樣。雖然對路過者而言，它們看起來就像是另外一種截然不同的植物，但在其內部深處，基因並沒有變動，改變的只是它展現出來的表現型（phenotype），也就是外人觀察得到的外觀。

就像太空人的身體可以根據生活條件，從野馬變成寶馬迷你再變回來一樣；毛莨會根據另一種環境變化——隨季節變遷而降低的河水高度，轉換回之前的葉片形狀。這一切的變動，只爲了生存下去。「表現」只是植物、昆蟲、動物、甚至人類，爲了對付生活的嚴峻考驗而發展、運用的諸多策略之一，有一件事在所有這些策略裡都是關鍵，那就是「可變動性」（flexibility）。

我們現在已經知道，基因只是另一個更大的可變動網絡的一部分，這和我們以前學到的有關基因自我的概念完全相反。我們的基因並不像大多數人以爲的那麼固定、僵化，如果基因眞是如此，我們就無法像黃花水生毛莨那樣，因應生活中日新月異的需求而調整改變了。

有件事孟德爾未能在他的豌豆上看到，而且在他去世之後，一代又一代的遺傳學家也繼續錯失，那就是：重要的不是只有基因帶給我們什麼，還包括我們帶給基因什麼。因爲事實已經證明，後天不但可以，也確實勝過先天。接下來我們即將看到的，便是這件事向來如此。

3 改變我們的基因

大多數人都知道孟德爾在豌豆方面的研究，有些人也聽說過他被迫中斷的小鼠研究，但是很多人不知道孟德爾同樣對蜜蜂做過研究，他稱蜜蜂爲：「我最親愛的小動物。」

誰能責怪他如此甜言蜜語呢？畢竟，蜜蜂確實是迷人得不得了的美麗生物，而且牠們還可以透露很多與我們人類有關的訊息。舉例來說，你有沒有見過整窩蜜蜂簇擁成群、舉族遷徙的那種令人既敬畏又害怕的景象？在那團輕盈龍捲風的中心某處，就是一隻離開蜂巢的女王蜂。

她是什麼人物？當眞値得以如此盛大的陣仗擁戴嗎？

那麼，我們就來瞧瞧女王蜂的模樣吧！首先，與她那些工蜂姊妹相比，女王蜂就像人類的名模一樣，擁有更修長的身軀與腿部，不但身形苗條，腹部也相當光滑，和工蜂姊妹們毛茸茸的肚子大相逕庭。由於女王蜂往往需要保護自己，避免年輕的皇室新秀發動昆蟲政變，所以她擁有可視需求重複使用的毒刺，不像一般的雌性工蜂，只要用過一次毒針隨即命喪黃泉。女王蜂可以活上好幾年，而她旗下有些工蜂只能活上幾週的時間；女王蜂一天可以產下幾千顆卵，而那些負責侍奉皇室的工蜂卻是不孕的。[1]所以，沒錯，女王蜂絕非尋常池中物。

既然女王蜂和其他工蜂天差地別，你很容易就會假定女王蜂的基因，一定和尋常工蜂的不同。這聽起來很有道理，畢竟女王蜂的外型特徵和她的工蜂姊妹們差距甚大。不過，如果我們再深入一點，深到ＤＮＡ的程度，就會看到另一個截然不同的故事浮現出來——事實是這樣的：就基因而言，女王蜂和其他蜜蜂根本沒什麼兩樣。女王蜂和她麾下那些女工可能來自相同父母，甚至可能擁有一模一樣的ＤＮＡ，但是牠們在行爲、生理及結構上的差異卻有霄壤之別。爲什麼會這樣？這是因爲女王蜂在還是幼蟲的時候吃得比較好。

眞的是這樣，而且就只有這樣而已。蜜蜂吃的食物改變了牠們的基因表現，在這個案例裡，這樣的改變是透過某個特定基因被關閉或開啓來控制的，我們將這種機制稱爲「表觀遺傳學」（epigenetics）。當蜂群決定牠們應該要有一位新女王時，就會選擇少數幾隻幸運的幼蟲，將牠們泡在蜂王漿裡。蜂王漿是一種富含蛋白質與胺基酸的物質，是從年輕工蜂嘴裡的腺體分泌出來的。其實，在一開始的時候，所有蜜蜂幼蟲都會嚐到蜂王漿，只是那些未來的工蜂很快就斷奶了，但具有小公主身分的幼蟲卻可以吃了又吃，直到牠們長成有貴族血統的優雅女王幼蜂。其中，第一隻起意將自己的皇室姊妹全部殺光光的幼蜂，就會晉升爲女王蜂。她的基因和別的蜜蜂沒什麼不同，但她的基因表現呢？就是一副女王的樣子。[2]

只要讓幼蟲沐浴在蜂王漿裡，牠們就會長成女王蜂，養蜂人知道這件事已經好幾百年，甚至更久了。但西方蜜蜂（Apis mellifera）的基因體，一直要到二〇〇六年才完成定序，而其階級分化的具體細節更是到二〇一一年才測定出來。在此之前，沒有人知道究竟爲什麼會這樣。

和這個星球上所有其他生物一樣，蜜蜂也擁有許多和其他動物——甚至是我們人類——共享的基因序列。研究人員很快就注意到這類共享密碼中，有一個代表的是ＤＮＡ甲基轉移酶（DNA methyltransferase），簡稱 Dnmt3，這種酶在哺乳動物身上，可以透過表觀遺傳機制改變某些基因的表現。

研究人員試用某些化學物質，讓數以百計蜜蜂幼蟲體內的 Dnmt3 關閉停工，結果得到一整批的女王幼蜂；他們又讓另一批幼蟲的 Dnmt3 重新啟動，結果這批幼蟲全都長成工蜂。因此，這代表女王蜂並不像一般人預期的那樣，比工蜂多出一些東西，反而是少了一些東西——看來顯然是女王蜂吃的那一大堆蜂王漿，把讓蜜蜂變成工蜂的基因力道調弱了。[3]

當然，我們的飲食和蜜蜂的大不相同，但是牠們（以及研究蜜蜂的那些聰明的研究人員）給了我們很多驚人的例子，告訴我們基因會如何配合生活上的需求來表現自己。[4] 就像人類爲了需求，會在自己的生活中扮演一系列不同的角色，從學生、工作者、一直到共同社會中的長者；工蜂也不例外，牠們從出生到死亡同樣會依循一些可預測的模式。一開始，工蜂是擔任管家及收屍者，平時負責保持蜂巢清潔，必要時則須處置已死手足的屍體，以避免蜂群感染疾病。大部分的工蜂接下來會轉職成爲護士，與其他護士蜜蜂通力合作，密切注意蜂巢裡每一隻幼蟲的狀況，每天查看幼蟲上千次。然後，這些工蜂到了差不多兩週大的時候，算是進入耄耋之齡，開始負責出外搜尋花蜜。

當蜂巢裡需要多一點護士蜜蜂的時候，一些負責覓食的蜜蜂，就會跑回來轉任這項工作。約翰·霍普金斯大學（Johns Hopkins University）和亞利桑那州立大學（Arizona State University）的一群科學家知道有這麼一回事，但他們想弄清楚爲什麼會如此，於是開始找尋基因表現差異的跡象，這可靠著搜索出現在特定基因上端的化學「標籤」來確認。結果，事實確實如此，他們比對護士蜜蜂和覓食者蜜蜂的基因狀況，發現在超過一百五十個基因上，有這類標記出現在不同的位置。

所以，他們玩了一個小把戲：趁著覓食蜂出門搜索花蜜時，把護士蜂全部移走。這些覓食蜂回巢後發現這件事，因爲巢中幼蜂不能沒「蜂」照顧，所以牠們立刻變身，開始履行護士的職責，而且牠們的基因標記模式也馬上跟著改變。[5]

本來並沒有表現出來的基因，現在開始表現出來，而原本表現出來的那些基因則停止表現。這些覓食蜂不只是換了一份工作，他們根本直接轉進另外一種截然不同的遺傳命運。我們人類長得不像蜜蜂，可能也不覺得自己像蜜蜂，但我們卻和蜜蜂共享數目驚人的遺傳相似點，包括 Dnmt3 在內。[6] 而且，我們也像那些蜜蜂一樣，生活上有許多重要部分都受到基因表現的影響，這些影響有好有壞。

以菠菜爲例，它的葉子富含某種稱爲「甜菜鹼」（betaine）的化合物，在自然界或農場上，甜菜鹼可以幫助植物對付環境壓力，像是缺水、鹽度過高或是極端的溫度。然而，一進入你的體內，甜菜鹼便搖身一變成爲甲基供給體（methyl donor），參與在遺傳密碼上留下標記的化學連鎖事件。奧勒岡州立大學（Oregon State University）的研究人員已經發現，在很多常吃菠菜的人體內，這類表觀遺傳改變會影響細胞，幫助它們對抗熟肉中致癌物質造成的基因突變。事實上，在實驗室的動物試驗中，研究人員已經可以運用這種方法，將結腸腫瘤的發生率削減爲原來的一半。[7]

菠菜裡的化合物可以用這種非常細微但非常重要的方式，來指揮我們體內的細胞以不同方式行事，就像蜂王漿指示蜜蜂以不同方式發育一樣。所以，沒錯，吃菠菜似乎可以改變你的基因表現。

表觀遺傳學的興起

還記不記得我之前曾經跟你提過，如果薛夫高區主教並未要求孟德爾中斷他的小鼠研究工作，說不定孟德爾會碰巧發現比他的遺傳理論更具革命性意義的東西？好，現在我就要告訴大家，那些更具革命意義的概念最後又是怎麼出現的。

首先，這需要時間醞釀。一九七五年，也就是孟德爾辭世超過九十年之後，亞瑟・里格斯（Arthur Riggs）與羅賓・哈勒戴（Robin Holliday）這兩位分別在美國及英國工作的遺傳學家，幾乎在同一時期冒出同樣的想法：雖然基因的確是固定的，但它們對一系列刺激的反應表現也許不見得一樣，這樣的話就會產生一系列的性狀，而不是一般在基因遺傳方面認定該出現的固定特徵。

突然間，以前那種「基因由遺傳得來，只能靠如史詩般緩慢的突變過程來改變」的概念，馬上成爲値得爭議的事。不過，就像孟德爾的想法當初遭到全面忽視一樣，里格斯和哈勒戴的理論最後也落入相同下場。事實再度證明，超越時代的遺傳學理念，無法獲得衆人的注意。

又過了四分之一個世紀之後，這些想法及它們所產生的深遠影響，才比較廣爲人所接受。這個結果要歸功於某位科學家引人注目的工作成果，這位有張娃娃臉的科學家名叫蘭迪・傑托（Randy Jirtle），他跟孟德爾一樣，懷疑遺傳這回事並不像表面上看到的那麼簡單，而且他也跟孟德爾一樣，認爲從小鼠身上也許能找得到答案。

傑托與他在杜克大學（Duke University）的同僚用刺豚鼠（agouti mouse）做實驗，得到在當時令人目瞪口呆的發現。這種老鼠帶有一種基因，會讓牠們長得肥嘟嘟的，而且毛色呈現如同《芝麻街》（*Sesame Street*）節目的布偶那樣的亮橘色。然而，不需要做其他改變，只要在雌鼠受孕之前改變牠們的飲食，在食物中加入幾種營養素，像是膽鹼、維生素B12和葉酸，牠們的後代個頭就會變得比較小，毛色也會變成斑駁的褐色；整體而言，外表變得更像一般的小鼠。後來研究人員又發現，這樣的小鼠也比較不受癌症及糖尿病侵害。

完全相同的DNA，看起來卻像截然不同的生物，這些差異完全只是表現的問題而已。其根本原理在於改變母親的飲食，會在牠後代的基因密碼上添加標記，把這個刺豚鼠基因關掉，然後這個已被關掉的基因變成可遺傳的結果，一代又一代地傳承下去。

然而，這不過是個開始罷了，在變遷快速的二十一世紀遺傳學世界裡，傑托的《芝麻街》布偶已經變得像重播的聯播節目那樣沒什麼稀奇；每一天，不管是對人的基因還是鼠的基因，我們都能找到一些可以改變基因表現的新方式。如今面對的問題，並不是我們有沒有辦法介入這個過程，因爲這早就是既定事實；目前我們在研究的，是如何利用已經獲得批准、可以用於人體的新藥來達成此類目標，希望能讓我們及孩子更長壽、更健康。

由里格斯和哈勒戴率先提出理論，再由傑托與其同僚促使公眾廣爲接受的這門學問，我們稱爲「表觀遺傳學」。廣泛來說，表觀遺傳學研究的是由於生活條件改變而引起的基因表現變化，例如把蜜蜂幼蟲浸在蜂王漿裡造成的結果——想達成這類結果，並不需要改變內在最根本的ＤＮＡ。在表觀遺傳學中，發展最快、最令人興奮的領域之一，就是它的「遺傳率」（heritability），這是在研究這些變化如何影響下一代，以及其後的每一代。

改變基因表現最常見的方式，是透過一種稱爲「甲基化」（methylation）的表觀遺傳過程。有很多不同方法都可以更改ＤＮＡ，而且並不需要更動蘊藏其中的成串核苷酸裡的字母。甲基化的作用原理，是將一種外形像三葉苜蓿的碳氫化合物附加到ＤＮＡ上，讓基因的結構有所改變。用這個方式來更改細胞的設定程式，重新決定這些細胞該是什麼樣子，以及該做些什麼事，或是恢復數代之前這種細胞原本會做的事。以甲基化「做標記」將基因「開啓」或「關閉」，可以爲我們帶來癌症、糖尿病，以及天生的缺陷；不過，請不要驚慌絕望，因爲這個方法也可以影響基因的表現，讓我們變得更健康、更長壽。

像這樣的表觀遺傳變化，似乎會在某些意想不到的地方帶來另一種後果，舉例來說，像是暑期減肥訓練營。遺傳研究人員決定密切監督一群西班牙青少年的體重，這群青少年總數約兩百人左右，參加了一個爲期十週的減重戰鬥營。結果，遺傳學家發現他們可以把逆向工程的方法，運用在這些學員參與營隊的體驗上，並且早在夏令營開始之前，他們依據這些青少年基因體上大約五個部位的甲基化模式，也就是基因被開啓及關閉的情形，就能夠預測到哪些孩子可以減掉最多體重。[8]有些孩子就表觀遺傳而言，很有希望在夏令營裡減重成功，但其他孩子就算努力遵循輔導員提供的飲食計劃，仍然可能成效不彰。

我們現在正在學習如何應用從研究中獲得的這類知識，好讓我們本身獨特的表觀遺傳組成發揮最大效果。這些青少年的甲基化標記教導我們的，就是無論在減重或是其他方面，知道自己獨具一格的表觀基因體（epigenome）構成究竟是什麼樣子，的確有其關鍵重要性。我們從這些西班牙夏令營參與者的經驗中學到的，就是應該開始鑽研自己的表觀基因體以獲取所需資訊，然後制定出對我們本身最有效的減肥策略。就我們之中的某些人而言，這麼做還可能可以把減肥夏令營過分高昂的學費完全省下來，因爲已知注定不會有什麼效果。

不過，伴隨著我們繼承的DNA而來的表觀基因體，絕對不是個靜態的東西，它同樣也會因爲我們對基因所做的事而受到影響。現在我就要告訴你，像甲基化這類表觀遺傳修飾現象，非常容易受到外界的影響。近年來，遺傳學家已經設計出許多方法來研究甲基化基因，甚至可以「重新編輯」甲基化基因的運作程式，也就是開啓或關閉它們，或是把它們的「音量」調大調小。

改變基因表現的「音量」，意味的可能就是良性贅生物增長與惡性腫瘤肆虐的差別。可以引發表觀遺傳變化的因素，包括我們吞下的藥丸、吸入的香菸、喝下的飲料、參加的運動課程，以及接受的X光照射等。此外，我們也可以用壓力來造成同樣效果。

基於傑托在刺豚鼠上的研究結果，瑞士蘇黎世的科學家們想知道，發生在童年早期的創傷是否會影響基因表現，所以他們把剛出生的幼鼠從母親身邊偷偷移開三個小時左右，再將這些還看不到、聽不見、又沒長毛的小東西送回媽媽身旁，度過當天接下來的時間。到了隔天，他們再次重複同樣的過程。

接下來，他們每天都這麼做，連續十四天後科學家才停手。這些小東西終究還是跟所有小鼠一樣，獲得了視力和聽力，也長出一些毛，最後長大成「鼠」；但是，因爲曾經遭受過兩週的折磨，牠們成年後很明顯地適應不良。在評估環境的潛在危險性方面，牠們的表現特別糟糕，當陷入不利的局面時，牠們既不是起身戰鬥，也不會設法理解情勢，而是直接放棄。接下來是最驚人的部分：這些小鼠還會把這樣的行爲傳承給自己所生的幼鼠，然後傳給再下一代，即使牠們根本沒有參與撫養下一代幼鼠的過程，結果仍是如此。[9]

換句話說，在某個世代所受到的創傷，可以透過遺傳影響接下去的兩個世代，這實在是太令人難以置信了。在此，絕對特別值得一提的就是，小鼠的基因體有九九％和我們的基因體相似。在蘇黎世的研究中受到影響的兩個基因 Mecp2 和 Crfr2，不只存在於小鼠身上，人類身上也有相似的基因。

當然，除非親眼見到證據，否則我們也無法確定發生在小鼠身上的情況同樣會出現在人類身上。這件事的挑戰性實在是太大了，因爲我們的生命比小鼠的長很多，很難進行探索世代之間改變的試驗。而且，凡是涉及人類的問題，都很難分辨究竟是先天還是後天的因素。不過，這並不表示我們在人類身上沒有見過與壓力相關的表觀遺傳變化，大多數人一定都看過這件事。

霸凌的餘毒

還記得我在本書一開始，曾經問你記不記得國中一年級時的情形嗎？對某些人而言，回到那麼久遠的過去，可能會觸及一些相當不愉快的回憶——一些如果能夠選擇，我們寧可不要記得的事。眞正的數據很難估計，不過一般認爲，至少有四分之三的兒童曾在某個時期有過遭受霸凌的經驗，表示你在成長的過程中，很有可能曾居於這種不幸經歷的受害端。在事過境遷之後，我們有些人已經成爲家長，對自己的孩子究竟會經歷些什麼樣的事，以及他們在校內校外的安全，憂心可說是有增無減。

直到最近，我們一想到或談到霸凌會造成的長期且嚴重的衍生後果，總是會套用一些儼然是心理學術語的用詞。大家都同意，霸凌可能會留下非常顯著的心靈創傷，有些兒童和青少年蒙受的精神痛苦如此巨大，甚至導致他們想要或眞的採取行動殘害自己的身體。

然而，遭受霸凌的經歷加諸我們身上的，會不會不只是嚴重的精神包袱而已？爲了解答這個問題，一群來自英國和加拿大的研究人員，決定以幾對同卵雙胞胎作爲研究對象，從他們五歲開始做紀錄。每對雙胞胎除了擁有完全相同的ＤＮＡ之外，在研究開始之前，從來都沒有受過欺負。

你也許會很高興得知，這些研究人員不被容許傷害他們的實驗對象——這點和瑞士小鼠的遭遇大不相同。但是，他們讓其他孩子去做這種科學上的骯髒差事。在耐心地等待了幾年之後，科學家們重新審視這些雙胞胎的情況，其中只有一對雙胞胎的其中一位曾經遭受到霸凌。在他們的生活恢復正常後，科學家們注意到：這兩個孩子目前十二歲了，有很多顯著的表觀遺傳差異，是他們在五歲時所沒有的。研究人員發現，只有曾經遭受過欺凌的那個孩子出現明顯的改變，這表示就遺傳上來說，霸凌顯然不僅容易造成青少年與成人的自我傷害傾向；事實上，也眞的會改變我們的基因運作方式，以及基因形塑生活的方式，而且很可能禍延子孫。

那麼，這些基因上的改變是什麼模樣呢？大體來說，遭受過欺凌的那位雙胞胎成員，體內有個叫做ＳＥＲＴ的基因，它的啓動子（promoter）區域明顯出現更多ＤＮＡ甲基化現象。這種基因有何功能呢？依據這種基因編碼所生成的蛋白質，有助於將神經傳導物質血清素（serotonin）移到神經元中；一般認爲，前述的改變會使ＳＥＲＴ基因主控生成的那種蛋白質產量降低，也就是說甲基化愈厲害，這個基因就被「關」得愈小。這些發現之所以意義重大，是因爲科學家認爲，這些表觀遺傳變化可以持續終生，這代表就算你不記得被欺負的細節，你的基因也會把一切牢牢記住。

不過，研究者發現的還不只這些。他們還想知道，這些觀察到的基因變化，是否對這兩位雙胞胎成員造成心理變化的差異。爲了測試這一點，他們讓這對雙胞胎接受幾種情境測試，包括在公衆面前演講與心算等，都是些我們大多數人會覺得很有壓力而寧可避免的事。結果，他們發現，在遇上令人不適的情況時，雙胞胎中曾經遭受過霸凌者的皮質醇（cortisol）反應偏低甚多。所以，霸凌不只把受害孩子的ＳＥＲＴ基因調低，還把他們遭受壓力時會釋放的皮質醇濃度也調低了。

乍聽之下，這似乎有悖常理。皮質醇又稱「壓力荷爾蒙」，在正常情況下，它的濃度在人們遭受壓力時會升高。遭受過霸凌的雙胞胎之一，爲什麼反而會反應遲鈍呢？他們在這種緊繃的情況下，不是應該更覺得有壓力才對嗎？

事情變得有點複雜，請少安毋躁，聽我慢慢道來。在面對持續性的欺凌、傷害時，受害者的ＳＥＲＴ基因所產生的反應，就是改變下視丘—腦垂體—腎上腺軸（hypothalamic-pituitary-adrenal axis, HPA axis），在正常情況下，這是幫助我們對付生活中的壓力與困厄的機制。根據科學家研究雙胞胎中遭受過霸凌那一位的結果，甲基化程度愈高，ＳＥＲＴ基因就被關得愈小；ＳＥＲＴ基因被關得愈小，皮質醇反應就變得愈遲鈍。爲了讓你更了解這種基因反應的影響有多深刻，我們可以告訴你，這種皮質醇反應變遲鈍的現象，也經常出現在創傷後壓力症候群（post-traumatic stress disorder, ＰＴＳＤ）患者身上。

皮質醇濃度升高，可以幫助我們度過艱難局面，但如果分泌得太多或濃度升高的時間太久，反而很快就會讓我們的生理機能短路。所以，在面對壓力時皮質醇反應變遲鈍，是雙胞胎中受害的那一位爲了應付日復一日的霸凌而衍生出來的表觀遺傳反應。換句話說，這位雙胞胎成員的表觀基因體改變，是爲了保護自己免受過多皮質醇持久留存之害所產生的反應。這種妥協應對之道，是一種有益的表觀遺傳適應作用，能夠幫助受害孩童熬過持續性的霸凌而存活下來。這種反應背後的深刻意涵，實在令人驚歎。

人體有許多遺傳反應在應對生活事件時，都是採用這種「顧短不顧長」的方式。當然，就短期而言，面對持續性的壓力時，把反應變遲鈍的確比較容易；但從長遠來看，表觀遺傳變化造成的皮質醇反應長期遲鈍，可能會引發嚴重的精神障礙，例如憂鬱及酗酒。我並不是故意要嚇唬你，但這些表觀遺傳變化很有可能會從上一代傳給下一代。

如果我們在曾經遭受過欺凌的雙胞胎成員身上，可以找得到這樣的變化，那麼那些影響大批人口的創傷性事件，又會帶來什麼樣的結果呢？

天性更善感的孩子

所有的悲劇都始於紐約市那個涼爽、晴朗的週二早晨，二〇〇一年九月十一日，超過兩千六百人在紐約世界貿易中心（World Trade Center）之內及其周遭喪失了生命。許多曾與這場攻擊近身接觸過的紐約人，都遭受了極大的精神創傷，在數月、甚至數年之後，仍然持續爲創傷後壓力症候群所苦。對紐約西奈山醫院（Mount Sinai Hospital）創傷後壓力研究部門的精神病學及神經科學教授瑞秋・耶胡達（Rachel Yehuda）而言，這場可怕的悲劇卻也帶來一個獨特的科學研究機會。

耶胡達很早就知道，有創傷後壓力症候群的人，體內「壓力荷爾蒙」皮質醇的濃度通常也會比較低。她最初是在一九八〇年代末期研究退伍老兵時，從他們身上發現這種效應的，所以當她開始檢查在九一一事件中置身雙子星大樓內或在附近的一些婦女的唾液採集樣本時，她很清楚究竟該找些什麼，也知道哪些婦女當時已經懷孕了。

結果，真的是這樣，那些最終罹患創傷後壓力症候群的婦女，體內的皮質醇濃度明顯低落，連她們的寶寶出生後也是如此，尤其是攻擊發生時正好處於孕期最後三個月的寶寶更是如此。這些寶寶現在都長大了，耶胡達和她的同事仍然持續研究那次攻擊究竟對這些孩子造成哪些影響。他們已經確定，受創傷的母親所生的孩子，比一般孩子更容易感到苦惱憂傷。[10]

這是什麼意思呢？和我們現有對動物做實驗所得的資料合併起來討論，比較保險的結論就是：基因不會忘記我們曾經經歷過的事，即使在我們早就尋求治療，覺得自己已經釋懷，可以繼續往前走之後很久，我們的基因仍然將一切記錄下來，保留這樣的創傷。

現在，最令人關注的問題又來了：無論是遭受霸凌，還是像九一一這樣的災難，我們到底會不會把自己經歷過的這些創傷傳給下一代?之前，我們以爲幾乎所有這些在遺傳密碼上出現的表觀遺傳標記或注解，就像書寫在樂譜頁緣的那些批注一樣，在受孕懷上下一代之前，應該都會被擦得一乾二淨、完全消除。從現在起，我們得知，實際情況很可能不是這樣——該準備把孟德爾拋諸腦後了。

如今，情況愈來愈明顯，胚胎發育期間眞的有許多表觀遺傳感受性的窗口出現，在這些重要的時間範圍內，諸如營養不良之類的環境壓力源，都會影響某些基因，讓它們開啓或關閉，進一步影響我們的表觀基因體。沒錯，我們的基因遺傳在胎兒期的這些關鍵時期裡，其實是可以留下印記的。

但這些時期究竟在何時出現，目前還沒有人知道確切的答案，所以爲了安全起見，準媽媽們現在有了遺傳上的動機，在整個懷孕期間都要小心飲食及身心壓力。目前的研究甚至顯示，母親在懷孕期間若過度肥胖，可能會引發胎兒的代謝狀況重新改寫，增加寶寶罹患糖尿病之類問題的風險。[11]這個結果也呼應了婦產科日益增長的一個趨勢，那就是不再鼓勵孕婦「一人吃，兩人補。」

從瑞士創傷小鼠的例子中，我們已經看到許多這類表觀遺傳變化，的確可以從上一代傳給下一代。這使我覺得，很可能在未來這幾年內，就會出現壓倒性的證據，證明人類同樣無法自外於這種創傷經表觀遺傳留傳給後代的過程。

在此同時，既然我們已經得知許多和遺傳眞實面相關的訊息，也知道我們怎麼做——以好的方式（吃菠菜，也許吧？）或壞的方式（壓力，看來應該如此）——可以影響自己的基因遺產，所以各位絕對不是處於束手無策的狀態。雖然你不可能完全擺脫原本的基因遺傳，但只要你了解得愈多，就愈能夠明白自己做的選擇，不但可以在這輩子造成很大的不同，還會對下一代、甚至也許包括之後的每一代產生影響。

我們確知，我們自己就是遺傳的極致表現，不僅積聚了自身的生活體驗，還匯集了父母與列祖列宗經歷過且倖免於難的所有考驗——從最快樂的，到最令人心碎的，一律照單全收。我們可以藉著所做的選擇，來改變我們的遺傳命運，然後再把這樣的改變一代代傳承下去。在我們檢視自己這項能力的當下，就等於已經踏上一條徹底挑戰過往的路子，挑戰的正是以前視爲信仰的孟德爾遺傳定律。

4 用進廢退

醫生和毒販，現在恐怕只剩這兩種人會隨身攜帶呼叫器了。每次我在眾聲喧譁的餐廳裡，或是在即將進入電影院之前查看呼叫器，總是不免想到旁人心裡不知作何猜想。

最近有天早上，我走進喧鬧的醫院中庭大廳，在星巴克前的長條人龍中剛移到前段。從我排隊站立的那個位置，幾乎可以直接拿起一個杯子，在杯身寫上我要點的飲料，但我身前的那位顧客，正慢條斯理地點一杯特大杯雙份豆奶摩卡之類的飲品。那麼近，卻又那麼遠。

我不得不離開隊伍，因爲有人叫我。站在另一排尾端的那位女士，是某個兒科團隊的一員，他們正負責照料一位多發性骨折的年幼病患。她問我，能不能過去爲那個小女孩進行會診，他們剛完成一些例行診療工作，可以在十五分鐘左右準備好等我過去。我把病房號碼草草抄在餐巾紙上，然後回去排隊，那條人龍看起來比我在兩分鐘前離開時顯然加長了許多。

我倒是不怎麼介意，因爲多花幾分鐘排隊，正好讓我有時間可以整理一下思緒。我開始啓動已經內化在腦袋裡的演算法，推敲復發性骨折的兒童會有哪些情況——如果這樣，就該那樣……如果那樣，就改成這樣——這麼做，可以幫助我評估她的病情。在我這麼做的時候，我也想到，骨骼是用多麼特殊的方式，把我們身體各個部位連接起來。

從塑膠製的萬聖節庭院裝飾品，一直到系列電影《神鬼奇航》(*The Pirates of the Caribbean*)，我們早就有一大堆機會可以熟稔骨骼的模樣。就算無法一一叫出身上那二〇六塊骨骼的名稱，你大概還是可以畫出骨架最基本的形狀。因此，談到身體如何應對生活中變化多端的各種需求時，基於一般人對骨骼已有某個程度的熟悉，要大家想像那些部位並不是太困難的事。

骨骼也像我們身體大部分的系統一樣，恪遵生物生命中「用進廢退」的名言。基因會根據我們用或不用某些部位來給予回應、進行某些過程，最後提供我們可塑性良好的強壯骨骼，或是像粉筆那樣鬆脆易碎的脆弱骨骼。我們的生活經驗，便是以這樣的方式來影響基因。

然而，並不是所有人遺傳得來的基因，都通曉如何製造出擁有適當可變動性又合乎生活需要的骨骼——這正是我對前述這個病例做出的可能推測；此時，熱伯爵茶也終於拿到手了，我登上七樓，敲敲病患的房門。躺在我眼前病床上的，是一個甜美可愛的三歲女孩，名叫葛瑞絲。她穿著小小的醫院長袍，被黑色的帶子固定住。

她的額頭滲出汗水，像是感覺到骨折的疼痛。我特別提醒自己，在一頭栽進迅速的目視檢查之前，要先把簾子拉上，好讓病人多保留一點個人隱私，不受外面走廊的忙碌喧囂侵擾。很快地，我把注意力集中在一個非常重要的特徵上：她的眼睛。

玻璃娃娃

麗茲和大衛無法擁有自己親生的孩子，有很長一段時間，這件事好像也沒什麼大不了。麗茲是個天才橫溢的圖像設計師，大衛則是會計師，自己開了一家事務所。他們都很高興能把時間投注在事業上，也能把注意力完全集中在對方身上。度假時，他們的足跡踏遍了世界各地；在家的時候，他們也能盡情享受最好的一切。

他們眼見那些爲人父母的朋友花了好大的精神，只爲了趕上每週的共乘計劃，三不五時要考慮讓孩子讀哪間學校，不但要出席家長會，還要報名音樂班、體育活動和夏令營等。小朋友在半夜兩點做噩夢驚醒時需要安撫，早上六點又準時活蹦亂跳把你吵醒，這一切都太過分啦！這就是爲什麼連他們自己也會感到訝異，居然有那麼一天，他們發現自己的觀點似乎沒來由地改變了。世界各地都有孩子需要父母，但是當麗茲讀到在中國的孤兒中，女孩子的死亡率有多麼不均衡的悲慘消息後，她知道他們該怎麼做了。

中國，這個世界上人口最多的國家，從一九七九年開始實施一胎化政策。*當時，它即將成爲世上第一個人口跨越十億門檻的國家，很多人連找到住所、食物和工作都有困難。政府醫療當局發布了節育政策，但是當這個措施失敗的時候，墮胎就成了標準選項（我們會在第十章進一步討論這個現象背後許多出人意表的故事。）那些還是把第二個、有時甚至是第三個孩子生下來的家庭——尤其是在政策執行得更嚴格的城市裡——往往別無選擇，只好把孩子扔在國營孤兒院的門口。

一對父母的傷心事，可能是另一對父母的喜悅來源。中國的制度產生了過剩的孤兒，尤其是女孩子，這些孩子的數目，遠遠超過無法生育、需要領養孩子的中國籍夫婦的需求。在這項引人爭議的政策實施不到五年，這個原本鮮少允許外國人士收養本國籍兒童的國家，搖身一變成爲最重要的「送子」國家。到了二〇〇〇年，中國已經成爲美國與加拿大家庭最大的外籍領養兒童提供國；雖然領養數字在最近幾年略有消減，但中國仍是北美父母領養兒童的最大來源。

麗茲和大衛了解這條領養之路勢必充滿了挑戰，整個過程會不時遭到各路腐敗人馬的阻撓。即使一切都做對了，從準父母與領養仲介機構合作開始，一直到把孩子帶回家爲止，往往也需要耗費數年的時光。但如果這對夫婦願意收養有某種身體缺陷的孩子——通常是醫學上「可糾正」的問題，例如兔脣——有時迂腐的官僚政治還是會放水一下。

有一種這類情形稱爲「先天性髖關節發育不良」（congenital hip dysplasia），算是相當常見的疾病，罹病兒童的髖關節天生很容易脫臼。在大多數已開發國家中，兒童很容易獲得醫療協助，只要早期發現、矯正，髖關節發育不良一般是可以治療的。但是，在缺乏醫療資源的國家，這些孩子很可能會變成終生帶有明顯殘疾——這就是葛瑞絲的問題，想領養她的父母都會得知這個消息。

麗茲和大衛馬上就愛上她了，打從看到她照片的那一刻，他們就知道葛瑞絲會是他們的女兒。他們從領養機構那裡蒐集了葛瑞絲的資料，向小兒科醫生提出諮詢，醫生向他們保證，只要葛瑞絲一抵達北美，她的情況應該很容易治療。和能夠成為她的父母的那份榮幸相比，葛瑞絲所需的醫療照護似乎算是相當小的障礙，就這樣麗茲和大衛訂好了去中國的機票，並且開始著手把家裡改成對兒童而言足夠安全的環境。

當時，他們對未來的女兒所知不多，只聽說葛瑞絲一年前被放在孤兒院的門口，大家猜想她的年紀大概是兩歲左右，消息就只有這樣而已。直到麗茲和大衛抵達中國西南部雲南省的昆明市，到了孤兒院要領走女兒時，他們才明白問題可大了。雖然他們早就知道葛瑞絲會被人字形石膏固定住，這種石膏從腰部往下叉開來固定住雙腿，但讓他們驚訝的是這石膏如此巨大，而葛瑞絲如此瘦小，這個體重僅有五．四公斤的小小女孩，看起來好像被一隻石膏

---

*二〇一五年十月底，中國的一胎化政策走入歷史，全面開放「二胎政策」。

大怪獸吞噬了似的。

不過，既然之前醫生已經打了包票，他們仍然很有信心，認爲葛瑞絲目前的情況只是暫時的，之後絕對可以治癒。一位孤兒院的工作人員，看到他們面對葛瑞絲的病情即將帶來的挑戰，居然沒有露出煩惱不安的神色，忍不住把他們拉到一旁，告訴他們她有多高興葛瑞絲可以跟他們回家。

「你們就是她的命運，」她這麼說。

他們也的確是。

幾天後，麗茲和大衛回到北美，請小兒科醫生很快地對葛瑞絲做了些檢查，然後他們終於可以把葛瑞絲的石膏拆掉了。接下來，他們安排了隨後的診療日期，開始設法解決髖關節發育不良的問題。不過，小女孩的腰部和腿部隱蔽在石膏裡太久，骨瘦如柴到嚇人的地步；而且，拆掉人字形石膏不到二十四個小時，葛瑞絲的左股骨和右脛骨就骨折了。

在當時看來，似乎是原本的石膏不但未能幫助解決髖關節發育不良的問題，反而把事情弄得更糟糕，讓葛瑞絲的骨骼強度削弱到像玻璃那麼脆弱易碎，結果她又得再度穿上石膏。幾個月之後，葛瑞絲總算從石膏中解脫了，她躺在母親的懷抱裡，這對夫婦正在逛一家體育用品店，打算爲即將成行的露營之旅買一艘獨木舟。麗茲轉過身來，用手指出她想要的那一艘粉紅色獨木舟。

「那個聲音……，」小女孩的母親後來告訴我：「就像一聲槍響。」她說的時候不禁打起寒顫。葛瑞絲猛然開始嚎啕大哭，幾分鐘之後，這位瀕臨瘋狂的新手母親和哀號尖叫的孩子再度回到醫院，因爲葛瑞絲的腿又斷了。

對我而言，早在我開始向父母詢問病史之前，就已經明顯看出葛瑞絲的問題，絕對不只是先天性髖關節發育不良那麼簡單，答案就在她的眼睛裡。人類的眼睛有個特色，我們的鞏膜——也就是所謂的「眼白」——是外表看得見的，其他物種的鞏膜大部分都藏在眼皮的皺褶或眼窩裡。對畸形學家來說，這點提供了額外的機會之窗，讓我們了解患者的基因發生什麼事。

葛瑞絲的鞏膜並不是白色的，而是帶著淺藍色，這點再加上她的骨折病史，告訴我她罹患的可能是某種「成骨不全症」（osteogenesis imperfecta, ＯＩ）。這種疾病是因爲某個基因有缺陷，造成膠原蛋白的生產遭到抑制，或是品質不夠良好，而膠原蛋白對骨骼的健康與強壯來說是至關緊要的成分。缺乏膠原蛋白，讓葛瑞絲的骨骼變得脆而易碎，也讓她的鞏膜染上些許淡藍色調；我很快地看了一下她的牙齒，尖端有點半透明，這同樣是前述原因造成的。這些訊息都告訴我，我的猜測沒有錯。

勇敢面對，超越遺傳命運

沒多久之前，ＯＩ可能幾乎不會被列入診斷的選項裡，然而在過去幾年中，這種問題已獲得相當大的關注，這都要大大感謝一位毫無疑問非常可愛的孩子，他名叫羅比．諾瓦克（Robby Novak），更知名的別號是「總統小子」（Kid President）。羅比拍了許多精神喊話影片，呼籲這個世界「不要再無聊下去了」，這些影片有如病毒般快速傳播，全世界大概已經有幾千萬人看過。

羅比在十歲之前，全身就已經有超過七十處以上的地方骨折，接受過十三次手術，但是他並沒有刻意要大家注意他的ＯＩ問題。二〇一三年春天，他在美國哥倫比亞廣播公司（ＣＢＳ）的新聞上這麼說：「我不要大家對我的認識是：那個常常骨折的孩子。我只是一個想要玩得開心的孩子。」[1]儘管如此，羅比的故事還是喚起更多人正視ＯＩ問題，以及有哪些措施可以幫助罹患此病的患者。

這種疾病一直上新聞還有別的原因，主要是因爲它已被列爲上千樁虐童案調查時應考量的因素之一。舉艾美．嘉蘭（Amy Garland）與保羅．庫米（Paul Crummey）的案子爲例，這對夫婦遭社會工作者指控他們虐待自己的小兒子，因爲這個小嬰兒才出生沒多久，手臂和雙腿就有八處骨折。艾美和保羅因涉嫌虐童遭到逮捕收押，禁止他們在沒有適當監督的情況下與自己的孩子們見面。但法院無法把小嬰兒帶離母親身邊，因爲他還沒有斷奶，所以他們下令艾美搬進某個特別住處，好讓法院可以監視她。這個案子有如眞實世界反過來模仿電視的眞人實境秀，當地政府將他們安置在一棟房子裡，裡面有閉路電視二十四小時監視這家人的生活，彷彿他們是眞人實境秀《老大哥》（*Big Brother*）裡的參賽者。[2]

花了十八個月的時間，社會工作者和其他相關人士才發現他們犯了一個可怕的錯誤：艾美和保羅的兒子並沒有遭到虐待，他只是罹患了OI。不過，我們可以理解爲什麼OI病童的X光片會被誤認爲遭受虐待的證據，因爲片子上可以看到很多骨折的地方各自處於不同的癒合階段。有鑑於這個案子裡的社會工作者與醫生，只顧著保護兒童免受危險侵害，卻錯誤地指控一對好父母是虐童者，因此現在大多數法院都會要求將罹患OI的可能性，列入虐童調查必須考慮的因素中。

雖然這類篩選工作已經變得更加普遍，但是涉及虐童嫌疑的案件會出現的問題，在於需要花上好一陣子的時間，才能排除有無罹患OI的可能。不管電視上那些警察影集要你相信些什麼，想要釐清某人的DNA可以告訴我們哪些資訊才沒有那麼容易，絕非總是只要走進醫院的實驗室、瞧瞧顯微鏡下的結果，就能夠做出結論。一個人的骨骼變得脆弱有很多種可能性，想透過生化和基因調查研究來找出原因，可能需要幾週、甚至幾個月才能得到答案。雖然有愈來愈多人了解OI也是該考量的因素，但由於這種疾病相當罕見（在美國一年大約四百例左右），而虐待兒童案例的流行度顯然高出太多（每年超過十萬件已證實的身體受虐案件，以及大約一千五百件虐待致死案件），[3]許多社會服務機構及執法機構仍然會做出一些令人心碎的決定，寧可打安全牌，也不願冒日後遺憾之險。

幸好從葛瑞絲的病史，可以看出「受虐」絕對不會列在她的多發性骨折可能原因清單的前面選項，這表示我們馬上就能把焦點放在究竟是哪裡出了錯；再加上在我們尋找答案及治療方式的過程中，她的新父母都能全面配合，這點讓葛瑞絲得到她值得享有的健康幸福生活。

不久之前，對於所謂的非致命型ＯＩ，我們幾乎沒有什麼治療方法可用。如今，這種疾病仍是一大挑戰，但任何人只要看葛瑞絲一眼，就會知道這已經不是一個無法克服的問題了。當然，單一治療方式通常不足以解決源自身體深處的基因所帶來的複雜問題，然而一旦我們開始把藥物、物理治療、科技醫學介入治療（technomedical intervention）以正確方式組合起來，就能夠眞正產生影響。有了這些工具，加上她自己的勇氣與毅力，以及一心爲她奉獻的父母，葛瑞絲已經從一個瘦小脆弱的幼童，成長爲個性堅毅又愛冒險的小女孩。每次向前邁進新的一步，她的生活經驗就會挑戰並重新形塑原有的基因密碼。葛瑞絲正是一個有力的例子，證明麗茲和大衛爲她塑造的環境，足以讓她建立更強健的骨骼。

如果葛瑞絲能夠超越她的遺傳命運，我們當然也可以。雖然你可能不知道，但是你的骨骼和葛瑞絲的一樣，隨時都在毀壞，不是這裡出現一條小裂痕，就是那邊冒出一道小縫隙。我們的骨骼其實是處於解構和重建不斷進行的恆定狀態，也正是透過這樣的方式，我們的骨架才會愈長愈完美。

骨骼、家樂氏和石頭人

想了解DNA和骨骼的生成與破壞有什麼關連，首先需要了解我們的骨骼如何運作。很多人一想到骨骼，就以爲它是由一些沒有生命、如岩石般堅硬緻密的物質所構成的，其實並不是這樣，我們的骨骼可是充滿生命活力的組織，隨時都在重新生長發育，以因應生活中不斷改變的各種需求。這種重塑與重整的過程，源自兩種細胞在顯微鏡下才看得到的爭鬥結果：破骨細胞（osteoclast）和成骨細胞（osteoblast），兩者的關係就像電玩遊戲改編的迪士尼電影《無敵破壞王》（*Wreck-It Ralph*）中那兩個關鍵角色一樣。

破骨細胞是骨骼中的破壞王雷夫（Wreck-It Ralph），會一塊接著一塊將骨骼分解破壞掉，它們天生就設定成該這麼做。成骨細胞則是修繕王阿修（Fix-It Felix），它們負責的艱辛工作則是把你的骨骼再重組回來。現在，你可能會認爲事情很簡單，只要把破壞王雷夫從這條方程式中移走，不就可以讓骨骼變得更強壯嗎？但眞實情況可不是這樣運作的，正如那些角色在那齣迷人的電影裡發現的一樣：如果對方不存在，自己也無法活下去。

修繕王與破壞王的合作關係，讓我們的骨骼結構每十年左右，就會完全更新一次。就像鑄劍師傅將鋼鐵重複折疊、敲打，鍛造出一把彈性良好的利劍一樣，骨骼再生這種破壞與修復一再反覆的循環，得到的結果會是完全量身打造的骨骼；在大部分的情況下，足以承擔我們一輩子奔跑、跳躍、健行、騎自行車、扭轉身體，以及跳舞等各種需求。

當然，在膳食中補充一點鈣質，通常是有益的。假如你像許多人那樣，喜歡吃早餐穀片，那麼你幾乎每天早上都可以得到一點這種幫助。如果你吃的是香果圈（Froot Loops）、香甜玉米片（Frosted Flakes）、卜卜米（Rice Krispies）等，那麼你對威廉・K・家樂（William K. Kellogg）創立的公司生產的產品應該相當熟悉。威廉有個更出名的哥哥約翰・哈維・家樂醫師（Dr. John Harvey Kellogg），他所做的事可比把自己的名字借給食品品牌多得多了。家樂醫師在他那個時代被封爲健康權威，但如今我們可能會覺得他有點特立獨行，別的先不談，比方說，他相信「性」這回事很危險，即使是奉行一夫一妻制也不例外。

家樂醫師也是全身震動治療（vibration therapy）領域的先驅，在他開的那一家聲名狼藉的療養院中，他會要求病人坐在震動的椅子或凳子上，希望能夠改善他們的健康。他的想法，多多少少是認爲這麼做，可以把病痛從病患身上搖晃掉。經過百餘年之後，大家對震動治療仍然抱持著懷疑的態度，有些醫學專家還特別提出警告，認爲長期處於震動之下，對大多數人而言都沒有好處。不過，目前也有研究人員正在探究某種可能性：對某些特定患者群來說，震動說不定可以觸發破骨細胞與成骨細胞合作，一起分解及修復骨骼。這就是爲什麼一種從前被認爲離經叛道而遭到否決的治療方式，現在經過研究後可能會運用在ＯＩ患者身上的緣故。這點又進一步促使我們考慮將震動治療用於影響幾百萬人的骨質疏鬆症，嘗試能否引發正確的基因表現，讓骨骼變得更強壯。

即使對擁有完美基因遺傳的人而言，停止使用某個部位，加上衰老、不良飲食，以及荷爾蒙的變化，都可以大肆破壞原本形塑我們內在結構的那種精細微妙的平衡狀態。我們從中學到的，就是骨骼系統對於我們一些不明智的行爲，抱持的可說是毫不寬容的態度。我們也發現，基因突變同樣會造成這種影響。以年幼的艾麗·麥金（Ali Mckean）爲例，她患有一種罕見的遺傳性疾病，會把內皮細胞（那些排列在血管內壁表面的細胞）轉變爲成骨細胞（骨骼生產細胞中的修繕王）；換句話說，她的細胞會把肌肉轉化成骨骼，而且沒錯，這件事眞的就像聽起來的那麼可怕。

「進行性骨化性肌炎」（fibrodysplasia ossificans progressiva, ＦＯＰ）有時又稱爲「石頭人症候群」（stone man syndrome），最知名的病例是一位費城居民哈利·伊斯特萊克（Harry Eastlack），他的身體從五歲時開始變僵硬，到他三十九歲去世時，已經徹底僵化到什麼都不能做，只剩下嘴唇能動的程度。如今，你可以在費城醫學院的馬特博物館（Mutter Museum）看到伊斯特萊克的骨骼，鼓勵對此深感興趣的研究人員繼續努力揭開ＦＯＰ的神祕面紗。

石頭人症候群的罹患率大約是兩百萬分之一，這種病的病情會因受傷而加重，這代表只要艾麗撞出一個包或是一處瘀青，她的身體反應就是把成骨細胞送到受傷現場，生成骨骼；若是用手術移除多餘組織，反而會造成更多骨骼長出來彌補切除處。在過去這幾年中，我們已經發現，若是一個名爲 ACVR1 的基因產生突變，就會引發 FOP；這項發現對 FOP 的研究有相當大的激勵作用。[4] ACVR1 基因的某些突變，將導致一種永遠不會關閉的蛋白質開關生成；在正常情況下，骨骼是在需要的時間和位置健康生長，但是前述突變會讓骨骼生長的過程超速進行。

然而迄今爲止，這些基因方面的發現只不過是個開端而已，想要治癒像艾麗這樣爲此病所苦的患者，前面還有一條漫漫長路要走。早期診斷出罹病是個關鍵，可以讓父母及照護者明白，必須盡可能幫助患者避免受傷。不幸的是，在艾麗五歲之前，醫生一直沒能搞清楚她到底出了什麼問題。如果你想像得到小朋友可以跌跌撞撞，把自己搞出多少瘀青和腫包，你就能想像得到這麼晚才診斷出艾麗的病情，會對她的長期健康帶來多麼具有毀滅性的不良影響。這還不包括之前醫生爲了想弄清楚問題所在而讓艾麗接受的所有醫療程序，這些措施對她帶來的傷害遠遠勝過幫助，但是當初醫生都不知道這回事。

研究者認爲，大多數在 ACVR1 基因上發生的突變都是新的，我們稱爲「新生突變」（de novo mutation），也就是說這些突變並不是從父母那裡遺傳而來的。但是這點只會讓診斷過程變得更複雜、更容易延誤，因爲通常患者都沒有這種疾病的家族病史。悲哀的是，其實有條線索暗示出艾麗的問題，只是這個線索相當隱晦，沒有人注意到也是情有可原的，那就是艾麗的大腳趾——她的這根腳趾很短，而且朝向其他腳趾彎曲。[5]當初如果有人曾經注意到這個畸形徵象，再加上艾麗的其他症狀，應該就足以敲響警鐘，幫助醫療者確認出最後的診斷結果。[6]

我們不妨想想這件事帶來的啓示：面對複雜度驚人的遺傳性疾病，反而是侵入性及技術性最低的方式，也就是盯著艾麗的大腳趾看個仔細，可能才是診斷出她的病情的最佳方法。

十六世紀英國船員的左肩，以及現代學童的拖輪書包

即使到了我們離開人世很久之後，我們的骨骼還是可以留下許多線索，告訴後人基因對生活經驗造成的無數影響。已經被許多人研究過的哈利．伊斯特萊克的骨架，就是一個明顯的實例。馬特博物館的遊客，可以清楚看到他的病讓骨骼融合成什麼模樣，就像蜘蛛用蛛網把昆蟲包覆起來似的，但其實更隱晦微妙的例子還有很多。

舉例來說，我們找到一些「瑪麗玫瑰號」（Mary Rose）上失蹤已久船員的骨骸，這艘船是英王亨利八世（Henry VIII）時的英國海軍旗艦，在一五四五年七月十九日與法軍入侵艦隊交戰時沉沒，這些骨頭可以告訴我們什麼事呢？

雖然有許多不同的說法，但我們至今仍無法確定「瑪麗玫瑰號」沉沒的原因，也對靜靜躺在英吉利海峽中懷特島北方的索倫特海峽（Solent Strait）底部的這幾具男子屍首究竟身分爲何所知甚微，不過有一種稱爲「骨骼分析」的現代科學技術，可以幫助我們解讀這些骨骼被使用的方式。而且，「瑪麗玫瑰號」的水手留給我們一個很大的提示：他們左肩的骨骼特別大。[7]

研究者認爲，水手們必須承擔的大部分勞力任務，都是雙手使用程度差不多的工作，只有一種重要任務除外，那就是使用長弓射箭。這是英國都鐸王朝時期所有二等水兵一定要會的技能，而「瑪麗玫瑰號」上也的確載了兩百五十把長弓（顯然很多把是向敵艦射出「火箭」用的。）如今你在奧運會中，可能會看到複雜的機械式碳纖維製比賽用弓，但古代的弓可不是這個樣子的，十六世紀的英國所使用的弓非常沉重。雖然自「瑪麗玫瑰號」沉沒後已經過了好幾個世紀，很多事情都改變了，但是有件事情可沒變：如果你是右撇子——我們大多數人都是——你比較可能會用左手持弓。[8]

當然，我們早就知道，若是某隻手臂重複使用的機率遠高於另一隻手臂，很可能會導致兩者肌肉的形狀、大小與張力都產生差異。如果你常打網球，或是密切關注網球賽事，你就會曉得球員慣用的揮拍手臂肌肉，通常會明顯比另一條手臂發達許多。比方說，傑出的西班牙左撇子網球選手拉斐爾．納達爾（Rafael Nadal）就是一個很好的例子，他的慣用手臂看起來簡直就像較小的古銅版綠巨人浩克（Hulk）的手臂。經常使用、拉伸及承重，不只會改變肌肉的張力，還會讓破骨細胞和成骨細胞開始工作，因而改變基因表現，幫助我們建立更強壯的骨骼。這樣的作用，也將爲我們的生命故事織造出另一個面向，並且隨著骨骼所能保存的歲月留傳下去。

想多看一些骨骼可塑性的實例，並不需要回首數百年，如果你曾經看過拇趾外翻（bunion），你就算見識過同一現象造成的影響。在盛夏時節，搭乘紐約大都會運輸署（Metropolitan Transportation Authority）地鐵六號線穿越曼哈頓時，車上人人都會穿著涼鞋，這給你一個大好機會，可以仔細瞧瞧拇趾外翻的模樣。倘若你本身就有這個毛病，或是曾經有過這種毛病，不必咒罵你的骨骼胡作非爲，它們只是因應雙腳受到外在穿著的壓迫而簡單做出忠實反應罷了，這還表示你有個運氣比較差的遺傳傾向，才會把你導向這種情況。[9]所以，要是你有這種毛病，不必太苛責自己，其實這可能是唯一一次機會，你能理所當然地同時責怪自己的父母與時尚美鞋。

正如我們已經看到的，無論遺傳傾向爲何，就大多數情況而言，我們都繼承了具有可塑性骨骼的基因。另一個行爲可以導致骨骼改變的例子，正在孩子們的日常生活中上演。經過這麼多年，大家現在終於注意到小學生的脊椎曲線開始出現不良變化，這是背負過重背包所付出的代價。[10]隨著愈來愈多人關注這項議題，許多家長也開始幫小朋友換成拖輪式背包，讓書包變得像登機用的拉桿行李箱。

許多孩子都很討厭拖著這種有輪子的書包上學，這點毫不令人驚訝，像是我朋友正在念國中的兒子就說這東西：「蠢斃了！」這正是某家公司針對此問題提出的創意產品之所以能夠成爲市場新寵兒的原因——一台帶著《變形金鋼》風格的滑板車，前方有可以折疊、收攏的袋子，可以變成帶輪子的背包。葛萊德裝備（Glyde Gear）公司在推出這項產品兩年之後，市場上仍然供不應求，使得這家公司不得不暫時停止接受新訂單，花上超過一個半月以上的時間來消化舊訂單。

然而，不是所有出於好意的安排，都能夠帶來希望中的結果。傳統背包對孩子的姿勢固然有害，但滾輪式背包似乎也很容易讓人絆倒，並且增添學校環境維護方面的煩惱，因爲這種背包經常刮傷地板及碰撞牆壁。不幸的是，這類情況在醫學方面根本是家常便飯，接下來幾頁我會討論解決老問題的新方案往往會衍生出新問題，因此需要更新的方案來解決。有時候，我們的骨骼可變動性太高，例如在發育早期可塑性過大，反而導致骨骼產生永久性變形。

寶寶頭盔

這個例子的源由始於二〇〇〇年代中期，美國國家兒童健康與人類發展研究院（National

Institute of Child Health and Human Development）開始推行「仰睡運動」（Back to Sleep campaign）。由於這項倡議相當成功，父母遵從建議把小嬰兒改成仰睡的機率，從不過數年前的一〇％，激增爲如今的七〇％。這項倡議是響應美國兒科學會（American Academy of Pediatrics）之前的建議，該機構一直在尋求藉由改變生活習慣降低嬰兒猝死症候群（sudden infant death syndrome, SIDS）發生率的方法；據說，這種案例大約每一千名嬰兒會出現一例。

這項運動發起後經過十年，嬰兒猝死症的死亡率下降了一半，但就像任何醫療創新一樣，隨著成功而來的，往往是意料之外的併發症；幸好，這回的併發問題算是良性的。由於嬰兒頭顱後方的骨板尚未完全成形及融合，所以仰睡會讓他們的頭顱稍微變形。有這種頭形改變情況的嬰兒已經不算是例外了，因爲這些年來仰睡已經成爲常態，讓這種影響的發生率變成原來的五倍。[11]

這種良性現象有個術語，稱爲「姿勢性斜頭症」（positional plagiocephaly）。一般而言，我們不認爲這在醫學上是什麼大問題，但隨著社會日益沉迷於追求體態完美，許多家長紛紛轉向矯具師尋求協助。矯具師是專精於外用矯形裝置的專家，這些裝置設計來改變我們的骨骼與肌肉的功能特性或結構特性；矯具師會使用一種名爲「頭骨塑形頭盔」（cranial remodeling helmet）的裝置，幫助嬰兒矯正頭形。因此，姿勢性斜頭症又是一個例子，顯示人體的發育不是憑空進行的，不但因應生活環境的變化，並可藉由誘導產生永久性改變。

我第一次看到這種頭盔大概是在十年前，當時我正徒步穿越曼哈頓的中央公園，一開始我完全不知道那東西是要幹嘛用的，還以為自己見識了一股新的時尚風潮，想說這些父母的安全意識高到要讓坐嬰兒車的小寶寶戴頭盔。

後來，我終於得知這種頭盔產生效果的細節：它透過移除平坦部位承受的壓力，讓頭骨長回這個區域，幫小朋友的頭骨重新塑形。這種裝置用在四到八個月的嬰兒身上效果最佳，一天需要戴上二十三個小時，每兩週一定要調整一次。此類頭盔的價格可以高達兩千美元一頂，而且一般來說，健保並不給付。但由於小朋友的頭顱可塑性很高，研究者表示：父母只要運用一些伸展運動及特殊的枕頭，就能看到寶寶的頭形顯著改善，根本不需要用到頭盔。[12]

就長遠來看，重要的不是頭顱的形狀，而是它的強度。人類其實是手腳相當笨拙的物種，有鑑於我們的大腦如此重要卻相對脆弱，因此保持頭骨結構的完整性，可說是至關緊要之事。但是，強度並非只是材質硬度的問題，談到骨骼與基因體，我們必須了解一件事：真正的強度其實取決於可變動性，這就是為什麼我接下來要跟你談談米開朗基羅的「大衛」（*David*）像。

史上最完美的男人……也有致命的弱點

這幾乎就像走進愛德華．伯汀斯基（Edward Burtynsky）的攝影作品裡，這位備受讚譽的攝影師，以工業景觀攝影知名於世。他花了很多時間在義大利的卡拉拉（Carrara）大理石採石場拍照，當地因爲出產大量美麗的藍紋白色大理石而聲名遠播，這些大理石經採集之後，是世界各地的建築商及雕刻家愛用的材料。

幾年前，我到義大利阿爾卑斯山區旅行時，偶然遇上像這樣的採石場。現場大膽無畏的操作過程讓我大爲驚奇，巨大的拖拉機沿著狹窄的山路緩緩移動，把像小貨卡那麼大的石塊從地底深處移上來，送到位於托斯卡尼附近的加工中心，再從那裡送上火車、輪船、卡車，運送到遍及世界各地的許多地點。

大理石是碳酸鹽沉積岩經過變質作用後形成的產物，這種岩石於數百萬年前生成，原本是沉在海底的貝殼，後來這些沉積物轉變爲石灰岩，經過地殼運動過程產生的高壓及高熱作用幾百、幾千萬年之後，最終由像在卡拉拉採石場看得到的那種操作過程，把這些石頭從地底解放出來。

卡拉拉大理石，是一種相對較軟的岩石，用鑿子切削並不困難，這就是它大受雕刻家和工匠歡迎的緣故。然而，它也相當堅固，這就是爲什麼米開朗基羅的大衛像經過五百年以上的歲月，仍能保持完好無缺……呃，我是說大致上完好啦，其實大衛的腳踝部位已經出了毛病。經過這麼多年，佛羅倫斯學院美術館（Galleria dell'Accademia）數以百萬計的遊客劈里啪啦的腳步聲，已對雕像的穩定性造成損害。就這方面而言，大衛的堅硬度也正是它的弱點，由於大理石缺乏可變動性，使得大衛很容易產生裂痕。

幸好，我們的骨骼能夠再生，而且基因裡又有可生成構成骨骼結構的膠原蛋白的編碼，不然我們的命運恐怕也跟大衛差不多。就人類而言，膠原蛋白的生成取決於我們的DNA，但生成與否則視生活帶來的需求而定。我們和米開朗基羅的大衛不一樣，我們的腳踝可以在扭傷之後自行痊癒，這都要感謝透過基因表現造成的膠原蛋白增加。

人體中的膠原蛋白有二十多種，除了對骨骼健康不可或缺之外，我們身上所有的部位，從軟骨、頭髮到牙齒，都可以發現它的蹤跡。在膠原蛋白最主要的五種類型中，以第一型的含量最多，占人體所有膠原蛋白的九〇%以上。這種類型的膠原蛋白也可以在動脈管壁上找到，它能讓血管壁具有必要的彈性，才不會在心臟每次一收縮、將整個心室的血液推擠出來時，就發生血管爆裂的情況。

如果說，我們身體的某個部位，只要裡面的膠原蛋白開始失效、抗拉強度降低，大家就都會注意到，那是哪裡呢？你可能已經猜到，那就是我們的臉蛋，膠原蛋白在此提供皮膚的結構。這就是爲什麼你聽到膠原蛋白時，想到的會是有些人把它注射進臉頰裡，好讓自己看起來更年輕。其實，從這種功用來開始介紹也不壞，因爲它能幫助我們理解膠原蛋白所扮演的角色：一種具結構支持作用的蛋白質。畢竟，要是它根本沒有保持形狀的功用，就不會有人想用它來豐頰、豐脣，對吧？

膠原蛋白的英文「collagen」，源自古希臘字「kolla」，是「膠水」的意思。在現代工業生產的膠水製品出現之前，大多數人如果想把東西黏合在一起，就得各憑本事。黏合強度的來源，也許是用動物的筋或皮（內含豐富的膠原蛋白）煮沸後製成的膠。用來製作古典樂器琴弦的羊腸線（catgut），通常是以山羊、綿羊或牛的小腸製成的，並不是像英文單字字面上寫的那樣，是用「貓腸」做的，而這些腸壁的主要成分同樣是膠原蛋白。多年來，羊腸線也被用來製作網球拍；不過，單是一把網球拍上的球拍線，就得用掉三頭牛的腸子。羊腸線的效果之所以那麼令人滿意，是因爲它的抗拉強度很好，這要歸功於動物腸子上的漿膜（serosa）。抗拉強度指的是某個材料被拉伸或延展變形到無法恢復前可施加的力量大小；抗拉強度小的話，表示這個材料比較脆。

這也是某些食物咀嚼起來特別有意思的原因。如果你喜歡在夏日烤肉會或車尾派對（tailgate party）時烤香腸或熱狗，你應該會很高興知道，用來製作香腸／熱狗的諸多材料之所以能夠聚合在一起，靠的正是膠原蛋白的超大強度。許多素食主義者會告訴你，果凍、棉花糖、玉米軟糖的那種口感都是由明膠（gelatin）帶來的，其實明膠也是膠原蛋白的產物。整體而言，全世界每年會生產大約八億磅的明膠產品，以各種形式、經過不同管道進入你家中或你嘴裡，從塗滿糖霜的夾心餅乾到維生素的膠囊，甚至包括某些品牌的蘋果汁，處處都有它的蹤跡。此外，不論是用網球拍奮力擊球、對心愛之人的臉頰捏上一把，還是號稱可以帶來「這裡跳、那裡跳，到處蹦蹦跳」之樂趣的小熊軟糖（gummy bear），你感受到的那種「迅速恢復原狀」的彈性表現，全是膠原蛋白的功勞。

可變動性等同強度的極致實例，是一種身長兩公尺的淡水魚，名叫「巨骨舌魚」（arapaima）。牠是少數可以在食人魚肆虐的水域中優游生活卻無須恐懼的動物之一，這都要歸功於牠的基因編碼帶來包覆膠原蛋白的鱗片，即使被尖銳物體刺中，也只會彈開而不破損。這種魚自一千三百萬年前到現在，就演化而言幾乎沒什麼改變，[13] 加州大學聖地牙哥分校（University of California, San Diego）的研究人員認爲這種魚是良好的典範，證明把柔韌、有彈性的陶瓷片用在防彈衣上，可能會是個很不錯的主意——這又是一個向自然界尋求解方確實能幫助我們解決現代生活相關問題的例子。[14]

一字之差，天壤之別

這一切和遺傳又有什麼關係呢？如果我們的基因體沒有遺傳到這樣的可變動性，骨骼就無法適應生活上亂七八糟的各種難關。前述葛瑞絲、艾麗和哈利這幾個例子已經告訴我們：

只要幾個小地方出問題，便有可能引發大毛病。事實上，只要一個字母出錯，就能造成軒然大波。

人類的遺傳密碼由數十億個核苷酸構成，種類包括腺嘌呤（adenosine）、胸腺嘧啶（thymine）、胞嘧啶（cytosine）、鳥嘌呤（guanine），可以用縮寫字母A、T、C、G來代表，這些字母在遺傳密碼中以特定模式排列。人體中負責生成膠原蛋白的密碼，是寫在一個名叫COL1A1的對應基因上，[15]那個密碼一般而言差不多像是這個樣子：

GAATCC—CCT—GGT

但是，只要有個單一隨機突變，就會把它變成這樣：

GAATCC—CCT—TGT

僅僅只是如此，就可以讓我們的身體改變原本生成膠原蛋白的方式。只要密碼裡有一個字母出了錯，就能讓我們既強健又具可變動性的骨架，變得像大理石那麼死硬或像沙岩那麼易碎。不過就是一個字母而已，怎麼會造成這麼大的差別呢？[16]我們不妨想像一下聆聽貝多芬著名鋼琴小曲〈給愛麗絲〉（"Für Elise"）時的情形。樂曲開始時就是我們一向聽到的那樣，但是在彈到第十個音符的時候，鋼琴家彈錯了，但也不是錯得很厲害，只是一點小失誤而已，你會注意到嗎？這段樂曲還是跟原來的一樣嗎？如果你是位古典音樂製作人，想要將這場演奏錄製下來流傳千古，你會完全忽略這個錯誤嗎？

貝多芬非常傑出，他的作品精緻複雜得令人難以置信，但就算是貝多芬最了不起的大師之作，和你的遺傳密碼相比，也成了宛如〈瑪麗有隻小綿羊〉（"Mary Had a Little Lamb"）那樣簡單的兒歌。我們的遺傳密碼有如幾億萬步構成的旅程，只要第一步稍微走偏了，接下來的整個旅程一定不會在正軌上。因此，就最實際的意義而言，我們每個人和那種改變生命的遺傳性疾病，也只有一個字母的距離而已。不過，就像我們在葛瑞絲的例子所看到的，有這樣的問題，並不代表你只能坐以待斃。接下來我們還會看到更多細節，了解拒當沙發馬鈴薯的效果，絕對不只是讓你的身體動起來而已。

太空人和老奶奶的共同困擾

不用的東西就會退化，而且退化得很快。就像那些效率最高的企業都是採用即時生產策略，來配合工業生產中幾近即時（near real time）的需求一樣，我們這個物種的基因已經演化爲盡量降低生活所需成本；不需要的存貨盡量減少，需要的東西則大量生產。

這點也是下述現象的可能原因：和同齡的瘦子相比，老年人常見的多種骨折問題，似乎比較不會發生在年邁的胖子身上。這些胖子就像古代的弓箭手一樣，隨身攜帶額外的重量，這些額外重量對骨架會造成耗損，促使破骨細胞和成骨細胞進行猛烈的破壞與修復循環，形成更強壯的骨骼。相對而言，我們知道游泳者是在重力較低的環境下運動，所以他們的下肢股骨頸的骨骼礦物質密度會比從事負重運動者的低，[17]這很可能是因爲游泳雖能對心血管提供極其有益的鍛鍊，卻無法如跑步者或舉重者所處的環境那樣，對骨骼施加連番重擊。

還有另一個例子，那就是太空人結束長期駐留國際太空站的航程、回到地球之後的情況。二〇一二年七月，聯盟號（Soyuz）太空艙載著三位太空人：美國的唐・佩帝特（Don Pettit）、俄國的歐勒格・柯諾南科（Oleg Kononenko），以及荷蘭的安德烈・柯伊伯（André Kuipers），降落在哈薩克南部，結束了他們這趟長達半年的太空任務。三位太空人必須被輕柔地吊起來放進特殊躺椅之後，才有辦法接受媒體採訪拍照。[18]由於他們在失重的太空中「游」了一百九十三天，身體已經開始一點一點地削減骨骼的堅硬度。

就這方面而言，太空人和罹患骨質疏鬆症的年老婦女其實很像，而且他們連獲得的醫療照護方式都有幾分相似。像是唑來磷酸（zoledronate）與阿崙膦酸鈉（alendronate）這類雙磷酸鹽類（bisphosphonates）藥物，是目前治療老年人骨質疏鬆症的用藥主流，它們的作用基本上是說服破骨細胞自殺，不要破壞我們的骨骼。最近我們發現，這些藥品同樣可以用來幫助太空人和ＯＩ患者，讓他們的骨骼維持比較好的形狀。[19]根據新聞報導，有些私人公司正在徵求人類首次登陸火星的志願者，這趟旅程需要待在零重力的環境裡至少十七個月，屆時這類藥物將成爲不可或缺的東西。

如果你有興趣的話，在你自願踏上那艘太空船之前，我得先提出一個小小的警告：雖然服用雙磷酸鹽類藥物的人，比較不容易發生老年人常見的股骨頸骨折狀況，反而變得更容易在骨幹部位發生骨折。為什麼會這樣？因為這種藥的效果實在太好了，它會讓骨骼代謝轉換及重塑的作用停止，使得藥物服用者陷入所謂的「骨凍結」（frozen bone）狀態；一般認為，這樣會更容易發生某些類型的骨折，例如像大衛像的腳踝出的那種問題。

每次看到一些影響範圍大得驚人的結果，往往源自遺傳密碼及其表現的最細微改變，都會讓我震撼不已。正如我們現在已經知道的，只要數十億個系列字母中有那麼一個產生變化，你的骨骼就可能因為最微小的壓力而破裂。基因中任何一處發生小小改變，都有可能完全顛覆我們的一生。

不論你是繼承了一個有缺陷的基因，還是長期臥床、不做運動、吃得太差、脫離重力影響，或者只是單純變老，你都會讓自己陷入類似的骨骼惡化結果。然而，我們可絕對不是求助無門的骨骼守護者，眼前已有愈來愈多的選項，包括全套藥物治療、負重訓練，甚至你也可以試試震動療法。無論骨骼的脆弱是源自基因或生活方式，亦或者與兩者通通有關，現在都有許多預防方式及療法可用，能讓我們的骨骼變得比較不容易折斷。

了解骨骼如何喪失的相關基本生物學知識，對於學習如何守護骨骼非常重要，這些知識能夠告訴我們該做出哪些人生抉擇，指引我們如何追求可以建立強健骨骼的活動與生活方式。為了做到這點，我們需要找到骨骼功能運作背後的整個遺傳基礎，透過研究葛瑞絲及其他人體內導致骨骼脆弱的DNA，我們便能更快發展出新的治療方法，治療一些更常見的疾病，例如骨質疏鬆症等。

在遺傳學上，罕見的情況可以讓我們更了解常見的情況；就這方面而言，數百萬位像葛瑞絲這樣的無名英雄，等於是把他們無比珍貴的遺傳天賦當作禮物，饋贈給全世界。

5 餵飽你的基因

我穿著白天外出工作穿的衣服就睡著了，有時我在醫院值了特別長的一個班之後，事情就會變成這個樣子。值這種班會把我的最後一絲精力消耗殆盡，讓我回到家爬上樓之後，只能一股腦兒倒在床上，連穿上睡衣這碼事都成了負擔不起的奢華。

在我「噗通」一聲倒在被單上時，差不多才剛過午夜。等我聽到呼叫器在床頭櫃上嗡嗡作響，我發誓，一定才過了幾分鐘而已。我的臉還埋在枕頭裡，伸出手去，想把那個可惡的小黑盒子抓過來，但是沒辦法馬上摸到它，只好不情不願地伸長了脖子，張開眼睛。鬧鐘上的藍色數字閃呀閃，一下子便從三點三十六分變成三點三十七分。「才睡了三個半小時，」我在心裡對自己這麼說，已經開始試著估計儲存了半個夜晚的睡眠量之後，目前的清醒度有多高，結果：「好像還不算太糟啦。」

不必在深夜收到很多次呼叫，也能很快就辨識出一七五〇七五代表急診室，一七七三六八來自住院病房，而○○○○表示有外部來電，而且對方正在線上等著和你通話。接這種電話要面對的挑戰，就是你永遠不知道究竟發生了什麼事。有時，是憂心忡忡的父母，雖然早就知道他們的孩子罹患某種罕見遺傳性疾病，但是搞不清楚目前看到的一堆新症狀，到底需不需要擔心。有時，線上是另一家醫院的醫生，無法判斷病人的問題該如何治療，所以來電諮詢。然而，在某些時候，這種呼叫正是每位醫師都不希望接到的那一種——某個病人的病況突然急轉直下。

我抓起手機，試著悄悄溜下床，希望不要把老婆吵醒，她在我身旁睡得正甜。我躡手躡腳地走出房間，輕輕帶上門時，順便回頭往我溜出來的那道門縫裡瞧了一眼——沒有任何咕噥聲，也沒有被打擾引發的翻身動作，她仍然深陷夢鄉。成功了！我是武力高深的夜間忍者。

我按下呼叫器上的回電鈕，令人害怕的「○○○○」像兩隻貓頭鷹的小小眼睛那樣回瞪著我，明亮的藍色數字照亮了黑暗的走廊。我用手機撥了號碼，等待回音。

「XX醫院，您好……」

「我是莫艾倫醫師，我接到呼叫……」

「感謝您的回電，馬上幫您轉接……」

先是一陣柔和的嗶嗶聲，然後傳來了一串連珠炮：「莫艾倫醫師？對不起，我知道現在很晚了，應該說太早了？不管怎樣，很抱歉現在打擾你，只是……我的女兒辛蒂，她已經發燒好幾個小時，我很擔心，因爲她今天幾乎沒吃多少東西。」

對某些人而言，這聽起來像是一個操心過度的家長，但我知道如果只是這樣的話，醫院不會把她的電話轉給我。

她停頓了一會兒，我沒有開口打斷這段空白，而是讓線上保持沉默。

「喔，對了……我應該要先提一下，」那位女士說道：「我女兒有『鳥胺酸氨甲醯基轉移酶缺乏症』（ornithine transcarbamylase deficiency）。」

這就是我想聽的，簡稱「OTC缺乏症」的「鳥胺酸氨甲醯基轉移酶缺乏症」是一種罕見的遺傳性疾病，大概每八萬人裡會有一個人受到此症影響，他們的身體在進行將氨[1]轉化爲尿素的過程上發生困難；在正常情況下，我們的身體是靠排尿來迅速將尿素排出體外。這個過程稱爲「尿素循環」，主要是在肝臟中進行，但也有小部分是在腎臟進行，這個循環可說是我們的整體代謝健康的指標。如果一切運作正常，我們就能因應身體所需，好好地代謝蛋白質，但若是這個循環出了毛病，我們的身體便會充滿氨，屆時情況就如同氨的俗名「阿摩尼亞」那樣令人作嘔。

人體就像一座會排出有毒廢棄物的工廠，愈大的代謝需求自然帶來愈大的氨產量，這正是我們發燒時會發生的事。體溫每升高大約攝氏一．一度，人體系統就會比正常多燃燒二

○%的熱量。大部分的人都可以應付得了這樣的暫時需求；事實上，對多數人而言，在生病時稍微發點燒是有好處的，這樣體溫可以提高到正好讓致病微生物日子不好過的程度，減緩它們的生長速度，讓身體有反擊的機會。

然而，對於像辛蒂這樣的病人，他們的系統平衡從一開始就搖搖欲墜，只要輕微發點低燒，便足以讓情況急轉直下，快到叫人措手不及。畢竟，神經系統對於急升的氨濃度及陡降的葡萄糖濃度（這是我們的能量來源），可是敏感得不得了；如果我們置之不理，這種代謝情況可能引起癲癇發作和器官衰竭，進而導致昏迷。換句話說，辛蒂的母親絕對有充分理由擔心女兒的情況，我也有充分的理由應該趕快起床。

我抓起筆電輸入密碼，好讓我可以從遠端登入醫院系統，查詢辛蒂的病史。結果，她在過去幾年內已經住院多次，顯然她現在需要馬上送急診。感謝上蒼，她家就住在醫院附近。

我也住在附近——待命醫生如果選擇住在稍微有點距離的地方，通常後來都會後悔他們所做的這種抉擇。我把幾樣東西塞進背包，慶幸自己不必再輕手輕腳溜進臥室裡換衣服，畢竟我根本不是真正的忍者，在黑暗中相當笨手笨腳，很容易弄出乒乒乓乓的聲響。在這樣的凌晨時分，至少我老婆還能不受打擾，舒舒服服地躺在溫暖的被窩裡。

就這樣，我在廚房的餐檯上抓了根香蕉就出門了。現在還不到清晨四點，但我已經相當清醒。

飲食這門學問

我一邊開車前往醫院，一邊把香蕉塞進嘴裡，心想自己幾乎不用爲吃了什麼東西而擔憂，這是多麼大的殊榮。我跟大多數人一樣，會盡量減少糖分和脂肪的攝取量；在極少數的情況下，如果我覺得自己居然能兼顧美食要求及數字轉換計算，我會試著在早、午、晚餐上追求均衡，以求百分之百達到美國食物與營養委員會（Food and Nutrition Board）提出的建議：攝取二十一種維生素及礦物質。你偶爾也該試試，只是這件事的難度，可比它表面上看起來的高多了。

不過，如果完全只根據這些建議來攝取飲食，其實對大多數的人來說，幾乎都稱不上完美。事實上，你在那些包裝食品上看到的分量建議及營養成分比例標示，正好符合你個人需求的可能性幾乎等於零，恐怕中樂透的機率還比較高一點，這是因爲這些數字都是根據美國四歲以上多數健康人口所需的熱量、維生素，以及必需礦物質的概括估計値訂出來的。對食物與營養委員會來說，只要比五〇％再多一個人就叫做「多數」；這表示另外還有非常大量的「少數」人，此類指導方針對他們而言完全不適用。

當然，現實的情況是，每個人的需求都有很大的差異。大多數的四歲男孩和大多數的三十二歲孕婦一定大不相同；前者一天攝取兩百七十五克的維生素 A 便已大致足夠，但後者的維生素A需求量至少要三倍以上。即使兩個人在性別、年齡、種族、身高、體重、整體健康方面都一樣，也可能在鈣、鐵、葉酸及許多其他營養素上有很不一樣的需求。研究基因遺傳如何影響我們的飲食需求的學問，稱為「營養基因體學」（nutrigenomics）。

在本書的第一章中，你已經見過擔任主廚的傑夫，他患有簡稱HFI的遺傳性果糖不耐症，這是相當罕見的疾病，然而就某種程度而言，我們所有人都能因為了解基因體裡的這個基因而受益。對於那些受到基因影響，因而擁有某種獨特營養需求的幾百萬人來說，不能把食物視為朋友，並不是什麼稀奇的事。這就是為什麼許多有類似問題的人，會在餐廳菜單中畫出地雷區，或是把購物清單上的危險物剔除。

你可能還記得像傑夫這種有HFI問題的人，會需要精心設計不含水果及蔬菜的個人化菜單，另外還要去除果糖、蔗糖、山梨糖醇等，這些成分經常添加在加工食品裡。辛蒂的OTC缺乏症在飲食限制上算是正好相反；有輕度OTC問題的人通常不會被診斷出來，他們常會表示一吃肉就覺得不舒服，所以畢生都盡量避免包含大量蛋白質的膳食。一般而言，吃奶蛋素或吃全素會對他們有很大的好處，因為這樣比較容易將蛋白質攝取量控制在較低的程度。

我們的飲食和政治信念其實有些相似；政治信念的範圍可以從一端的無政府主義到另一端的極權主義，但一般人的想法大致都落在兩者之間，而我們的飲食也有如此寬廣而多樣化的幅度。正如大多數人可以容忍許多其實自己不大同意的政治意見那樣，我們的身體通常也很善於吞下大部分類型的食物；不過，還是有些意見你壓根兒就無法忍耐，例如廢除普選制度，就像有些食物也硬是和你的基因構成無法相容。

很多人可能從來沒有多花點時間，去思考自己的政治觀點在內心究竟如何運作，更遑論好好審視自己是如何吸收這些信念的；同樣地，我們的身體很有可能就是不喜歡某些食物，但也非常可能我們一直不知道爲什麼會這樣。然而，這種情形已經開始改變了。近年來，一些認爲自己的健康問題應該和飲食有關的人，已經藉著「排除飲食」（elimination diet）的方式獲得幫助。他們先把自己進食的種類減少到少數幾種，再慢慢地一樣一樣加回來。如果我們用教育來做對照，就相當於開一堂政治哲學導論課，讓學生接觸各式各樣的社會與政府概念，了解它們的形成歷史與評價。只有一個問題，那就是：答案並不是那麼簡單。

現在，我們很多人乾脆乖乖聽話，遵照醫生長久以來告訴我們的方式行事：這個多吃、那個不要吃、這個偶爾吃、那個盡量少吃。對大多數的人來說，這些建議至少是個好的開始。就像政治往往是區域遺產與文化遺產的反映一樣，我們最初始的飲食方式應該也是基因遺傳的反映。[2]舉例來說，對於亞洲血統的大多數人而言，牛奶和乳製品不只是口味不合的食物，還可能是對消化有害的東西。不過，如果你的祖先是以取乳爲目的而豢養動物，[3]那麼他們的基因很可能已經產生某種變異，留傳至今，讓你的基因非常擅長生成能夠分解乳糖——牛奶中天然存在的糖類——的酶，而且直到成年期依然如此。然而，在世界上大部分的地區，豢養產乳家畜並不是歷史上的常態，因此成年人患有乳糖不耐症是頗爲常見的現象。

儘管如此，中國的乳製品消耗量，還是在過去十年間大幅上揚。但是，毫不令人意外地，中國人比較喜歡硬質乳酪產品或是當地的特色乳製品，像是雲南用牛奶或山羊奶製成的乾酪「乳餅」，味道近似地中海地區的哈羅米乳酪（halloumi）。這是因爲和軟質乳酪，例如乳清乳酪（ricotta）相比，硬質乳酪中的乳糖含量通常比較少。[4]

就某種程度而言，遵循你近代祖先的飲食方式來吃東西，和如今我們把家族病史當成有用的工具來評估病人目前的健康風險，實有異曲同工之妙。如果你來自一個種族多元化的遺傳環境，又運用這種方法評估飲食需求，最後可能會得到非常有趣的遺傳與烹飪融合構成的結果。不過，這麼做有時也會造成混亂與挫折，尤其是那些來自種族基因熔爐的人，像是許多拉丁美洲裔的人都有極爲複雜的混合血統，如果你是拉美裔，你會不會有乳糖不耐症的問題，要看你遺傳到的是那一部分的祖先血緣。

話說回來，不管我們來自哪個民族、有著什麼樣的文化背景，或者還是個青少年，這年頭幾乎所有人的口味或多或少都有全球化的傾向，而且這種傾向可能會壓過我們眞正的營養需求。在已開發國家中，即使是最僻靜的鄉鎮裡，最小的那家雜貨店所提供的肉類、水果及穀物等豐富選擇，對我們還不算太遠的那些祖先來說，恐怕就算名列王公貴族，也是他們做夢都想不到的東西。

如果我遵照自己的忠告，再依循近代先人的飲食方針，得到的結果就是應該吃下整碗塞滿核桃及椰棗的麵疙瘩，而且這東西很清楚對我來說會很容易消化。當然，每個人對味蕾探索的定義可能大不相同，但是如果你最近還沒有嘗試過改變飲食，現在正是一個好時機，不妨拿個盤子，坐上祖先們的餐桌。有鑑於目前的生活方式傾向於久坐不動，你恐怕不得不拿個小一點的盤子。

除了執行持續性的飲食實驗外，我們還得面對這個事實：連改變自己對食物的態度與習慣，都同樣是個大工程。爲了讓這趟旅程更順利，知道下列結果會很有幫助：根據研究，把理論教育和「現煮現吃」的教學體驗課程合併在一起，也就是說不只把馬帶到水邊，還要讓牠知道這水有多麼清涼、好喝，效果一定會更好。[5]當然，還有另一種更重要的動力，美國前總統比爾．柯林頓（Bill Clinton）正是受到這種動力的激勵，在數年前改變了他的飲食。這個動力就是人人皆有的渴望：活得更長，享受更充實、更健康的生活。

這位前總統這輩子吃的，都是當時看起來很不錯的食物，結果卻經歷了兩次心臟手術。在評估過自己的家族心臟病史後，柯林頓最後在二〇一〇年下了決心，做出一些嚴格的生活改變，包括幾乎改吃全素。[6]有時候，你可能需要受到某種逼迫，才會做出全面性的改變，就像柯林頓那樣，從根本徹底扭轉自己在營養攝取方面的生活方式。不過，就算你有十分適當的動機，如果健康、營養的食物不易取得，價格也難以負擔，還是會造成很大的障礙，只是這些障礙都值得好好努力去克服。

好啦，到目前爲止，我們學到了什麼呢？找到好的食物，效法近代先人的飲食方式（但是不要吃那麼多），讓身體處於經常活動的狀態，然後好好傾聽身體提供的線索，它會告訴你現在是不是走在正確的道路上……要是生命眞的有這麼簡單就好了。嚴格遵守祖先的飲食方式，絕對不是最完美的烏托邦式解方，不見得適合每一個人，畢竟每個人在基因上都是獨一無二的個體。事實上，就像我們從大廚傑夫及罹患ＯＴＣ缺乏症的辛蒂身上得到的啓示，如果沒有考慮個人的遺傳結果，有些決定甚至可能會害我們喪命。每個人的飲食方式，都應該要更貼切符合我們獨特的基因遺傳情況才對。

接下來，我們將會明白這種飲食問題，絕對不是現代才有的煩惱。出海遠航的那些祖先，早就看出這種麻煩了。

每日參考攝取量只是一般建議，人人需要的都不相同

營養學上奉爲圭臬的傳說故事，就是英國水兵罹患牙齦出血、容易瘀青的可怕怪病——現在已知是「壞血病」——原因在於航海船隻載運的新鮮蔬果不夠多。在冰箱還沒發明之

前，船員們能夠吃到的最好食物，不外乎醃製或曬乾的肉類，以及外皮硬邦邦的麵包。對於那些每次得在海上停留數個月的人來說，這樣的飲食會導致一些很麻煩的營養缺乏問題發生，但奇怪的是，並非所有水手都會遭遇同樣的困擾。

時至今日，我們已經知道，柑橘類水果含有豐富的維生素C。對大多數人來說，如果不想罹患那種某些水手面臨的營養缺乏病症，此類成分有很好的預防作用。回到當初那個年代，人們只知道檸檬和萊姆可以幫助他們保住嘴裡的牙齒，也可以把壞血病的其他症狀拒於門外。有趣的是，那些船上的老鼠就沒有這個問題，還有通常養在船上、負責迎戰這類嚙齒小動物的貓咪，也沒有這樣的問題。爲什麼老鼠和貓都不用擔心牙齒會掉光光呢？

從A開頭的土豚（aardvark）到Z開頭的斑馬（zebra），大多數我們的哺乳類表親體內，都有可以自行製造維生素C的基因。但人類（令人訝異的是天竺鼠也包括在內）在代謝上，出現了一個先天性的遺傳錯誤，這個突變讓我們做不到同樣的事情，所以需要完全仰賴日常飲食來提供維生素C。

早在幾世紀之前，有一小群航海者似乎便已明白柑橘類水果的神奇效果。但是，一直到十八世紀，英國海軍部才在蘇格蘭醫生吉伯特．布蘭（Gilbert Blane）的鼓吹下，開始要求船員飲用檸檬汁以對抗壞血病。船隻從大英帝國在加勒比海地區的領土回航時，由於這些地區盛產萊姆，所以船上都會載滿這種檸檬在分類學上的綠色表親——這就是爲什麼英國水手會被稱爲「萊姆軍」（limey）的緣故。[7]

一旦我們明白了這點，自然會很想確認一天最少要吃多少檸檬、萊姆或柳橙之類的水果，才能保持健康——畢竟，那些名氣響亮的英國官僚也想知道，究竟得載運多少柑橘類水果，才足以應付一趟遠洋航行所需。這就是現代營養科學的起源，直到如今，這門學問仍是建立在我們可以靠數學計量方式達成健康飲食的基本理念上。因此，才會有數字精確到幾克、幾毫克，甚至幾微克的「每日參考攝取量」（原本叫做「每日建議攝取量」）出現，用來決定如果想要活得既健康又有活力的話，每天應該攝取多少食物。很多這類的數值，來自一般人想知道如果想避免缺乏營養素所引發的症狀，應該需要攝取多少食物分量才夠，但這種數值對人人都是獨一無二個體的我們，並非最佳選擇。

這就是爲什麼每個人需要的維生素C分量都不一樣；如果想追求最佳的個人保健效果，那便無可選擇，只能從我們的基因著眼。在一項側重於基因如何幫助維生素C進入人體的研究中，研究人員發現，若是某個叫做SLC23A1的轉運子基因發生變異，便會影響體內維生素C的濃度，而且和飲食中的維生素C含量完全無關。[8]即使攝取大量的維生素C，有些人體內的維生素C濃度似乎永遠都比別人低，吃再多柑橘類水果也沒用。查出我們遺傳到的轉運子基因是哪個版本，對於了解究竟有多少維生素C成功吸收進入體內會有極大影響。

無論如何，現成的飲食建議，並不是每個人都需要的東西。目前已經發現，某些基因遺傳的差異，例如另一種牽涉到維生素C代謝的SLC23A2基因，將可致使自發性早產的風險提高到將近三倍。[9]這可能是因爲維生素C在膠原蛋白生成上扮演了重要的角色，而膠原蛋白可以提供母親把孩子留在體內所需要的抗拉強度。[10]這個例子再次強調了就營養方面而言，正視基因遺傳的影響有多麼重要。

既然對每個獨立個體來說，一概而論的飲食建議可能是錯的，你自然會納悶：到底柑橘類水果的攝取量該是多少？究竟什麼樣的飲食對我而言才是對的？還有，我應該避免哪些食物呢？這些問題的答案因人而異，這不僅是因爲每個人繼承到的基因都不相同，更重要的是，你吃的東西可以完全改變你的基因的行爲。

今年，有數以千萬計的美國人將試圖改變他們的飲食，其中大部分的人都會失敗。在某種程度上，那是因爲他們不知道哪種飲食對自己的基因來說才是正確的，其中一些人基本上等於盲目飛行，很多人採取的甚至是與達成目標正好相反的方法。[11]即使是那些占了絕大多數的人，也就是聽從建議相信吃合理飲食、積極做運動才是最佳良方的人，還是會遇到另一個問題：節食是一件很困難的事。

在人類的歷史中，大部分的時候，食物都遠稱不上充足。爲了減輕荒年所帶來的痛苦，再加上偶爾還是會出現罕見的食物豐沛時機，所以我們遺傳到的基因，都是喜歡暴飲暴食的。過去，只要一遇上那種能夠帶來多餘熱量的罕見大餐，我們的身體馬上就會熱切地把這些熱量打包，變成身上的脂肪。這些脂肪就像是個熱量儲蓄帳戶，把暫時不用的熱量存在身邊，靜待荒年到來時取用。正如我們所知的，在人類歷史的大部分時光中，匱乏的確遠多於富饒。

如今，我們面對的是一個複雜的問題：我們目前身處的環境與我們遺傳得來的基因，有明顯不匹配的情形。首先，久坐不動的生活方式，讓我們根本不需要像過去那樣，把那麼多的熱量儲存在身邊以方便取用，現在機器不但已經取代我們從事的大部分辛苦勞力工作，還可以把我們從某一處載送到另一處。其次，到處都有大量、廉價且垂手可得的熱量，無怪乎現今的肥胖率，會飆升到人類史上前所未有的最高點。有問題的，還不只是我們攝取的食物量，正如我們即將看到的，目前的食品選擇，對我們的基因遺傳，根本已經沒有什麼好處可言了。

飲食和生活習慣，都會改變基因體的表現

幸好，出現了一門叫做「營養基因體學」的科學，讓我們可以弄清楚到底哪些東西還可以留在個人化的現代菜單上。舉例來說，你不再需要靜待肚子脹氣、不再需要寫食物日記，也不再需要等到拉肚子時，才會知道自己有乳糖不耐症。能夠提供這些資訊的基因測試，在市面上都已經找得到，只要付費就能檢測。如果你是新科技的嘗鮮愛好者，也許像偵測乳糖

不耐症的那種單一基因檢測，對你而言早就沒什麼稀奇。說不定，你正打算一路檢驗下去，接下來要爲自己的外顯子組，甚至整個基因體定序。

這些檢測結果，可以用來提供以基因爲基本考量的二十一世紀飲食建議。比方說，你可以運用這些資訊來判斷下一杯卡布奇諾，到底該不該含有咖啡因——這項決定的依據，端賴你找出自己遺傳的CYP1A2基因是哪個版本。此基因的不同版本，會決定你的身體分解咖啡因的速率，因此從基因便可看出對這種世界上最古老的興奮劑而言，你的身體的代謝速率究竟是快還是慢。

擁有某個不同版本的CYP1A2基因，然後喝下含咖啡因的咖啡，那麼你得到的廣泛影響，絕對不只是徹夜難眠而已。同樣地，遺傳到某個版本的CYP1A2基因，可能會造成你的血壓在喝完咖啡後產生不健康的高峰；一般認爲，如果你遺傳到的是分解咖啡因較慢的CYP1A2基因，就會發生這種情況。從另一方面來看，要是你遺傳到的是兩個能夠迅速分解咖啡因的基因，你的血壓大概就不會產生前述那種結果。[12]

讓我們開始把到目前爲止學到的有關基因體和營養的訊息拼湊起來吧，因爲把這些東西合併起來研究，會變得更有趣。我們已經了解，生命運作的方式並不是基因歸基因、環境歸環境那樣毫無交集，只有單一基因交互作用的情形。之前我們提過，基因體會持續針對我們做些什麼或吃些什麼產生反應，就像豐田或蘋果公司採取的即時生產方式那樣，我們的基因同樣會不斷地被開啓或關閉，這些情形是透過基因表現來產生效果，也就是說基因會受到誘導，因而生產更多或更少的某種產品。

從吸菸者喝咖啡這個有趣的例子，可以看出生活如何影響我們的基因。你是否曾經覺得奇怪：爲什麼那些吸菸者似乎可以喝下大量咖啡，也不會出現任何問題？答案正和基因表現脫不了關係。我們的身體其實會用同樣那個 CYP1A2 基因去分解各式各樣的毒素，菸草既然是個含有毒素的東西，我們就不必訝異它會引發基因的強烈反應，因而誘發或打開 CYP1A2 基因。這個基因的開關調得愈大或愈高，你的身體就愈容易分解咖啡裡的咖啡因——不要誤解我的意思，我並不是建議你開始抽菸，好讓你可以喝更多咖啡，然後到晚上一樣睡得香甜；我只是說，抽菸會改變你的身體分解咖啡因的方式，可以讓一個在遺傳上代謝比較慢的人變成代謝比較快的人。

不管怎樣，如果咖啡和你的基因構成不搭調，好歹你總是可以爲自己泡一杯綠茶吧。不過，在你坐下來享用一杯煎茶或抹茶之前，我還是要很快地提醒你一下：無論我們做了什麼事，基因都得付出某種代價。談到綠茶，一般認爲，它可以預防某些類型的癌症。最近，研究人員對乳癌細胞施加了一種存在綠茶中的強效化學物質，叫做「表沒食子兒茶素-3-沒食子酸酯」（epigallocatechin-3-gallate），他們注意到兩種非常重要的結果：乳癌細胞開始透過一種稱爲「細胞凋亡」（apoptosis）的細胞過程自殺，而那些沒有自殺的細胞，增長速度也大量減緩。如果你正在尋覓不良癌細胞的新療法，這應該會是你想要看到的結果。

研究人員進一步釐清這個過程的細節，讓我們能夠清楚看出癌細胞如何受到哄騙而改變行爲：原來，表沒食子兒茶素-3-沒食子酸酯可以促進正向的表觀遺傳變化，也就是讓DNA產生開啓或關閉的改變，從而協助調節基因表現。在細胞決定不再服從身體發出的集體生物宣言時，如果我們想控制這些細胞的行爲，前述那個步驟就是很重要的關鍵。否則一旦某些細胞停止與身體其他部分共同合作，開始惡意橫衝直撞，最後的結果就是讓你罹患癌症。

我們對基因與日常吃、喝，甚至抽菸之間的交互作用研究得愈深入，就愈能明顯看出這些互動對於維護健康有多麼重要。從以同卵雙胞胎爲對象所做的研究來看——這些同卵雙胞胎遺傳了相同的基因體，平日飲食也很類似——我們現在已經找到人類營養拼圖中原本缺失、但具有關鍵意義的那一片，這就是爲什麼我接下來要向你介紹你體內的微生物體（microbiome）。

人體是一個小宇宙，微生物體造成意想不到的衝擊

人體的腸道是微生物多樣性複雜到令人難以想像的例子，在這個龐大的小生態系統裡有兩大主力門派：擬桿菌門（Bacteroidetes）與厚壁菌門（Firmicutes）。[13] 如果你把所有在此處隸

屬這大兩門派的物種一個個加起來，大概可以數出幾百種不同類型的微生物，而且這個在顯微鏡下才看得到的動物園，在每個人體內的成員都有些許不同。

對這些住在你身體裡的微生物來說，從你的嘴巴到肛門這一條三十呎長的管道，簡直就是一顆名副其實的星球。整條路徑之曲折縈紆，如果是條雲霄飛車軌道的話，恐怕就連最熱中於追求刺激的冒險老手也會軟腳。而且，各個部位情況差異之大，即使只是從某一處移動到下一處，都像是從海底往上衝，然後馬上跳入火山口，再立刻轉進最蒼翠繁茂的雨林。

看過前述提及的情況後，下面這些敘述你應該就覺得沒什麼好訝異了：在胎兒發育的過程中，胃腸系統可說是人體建構出來最複雜的結構之一。接下來，我要告訴你這個發育期的太陽馬戲團還有些什麼特技：在胚胎發育期的某個時間點，我們的小腸眞的會長「出來」，一直延伸到臍帶的位置；之後，爲了安全地返回腹腔，這些腸子必須扭轉及轉彎，就像一條蛇回到弄蛇人的柳條筐裡那樣，把自己盤繞起來，才能塞回肚子裡。這就是這個過程沒有太多空間可出錯的原因，如果小腸在返回人體的途中受困，便會形成「臍膨出」（omphalocele），這是一種小腸與臍帶脫疝的情況。如果小腸安全返回腹腔，但是腹部體壁未能正常閉合，就會變成「腹裂畸形」（gastroschisis），這個術語代表小腸在發育過程中留在人體外側，從一道裂隙或破口往外突出來。由於腸子本來不應該碰到羊水，這些暴露在羊水中的腸子通常會受損，需要以外科手術切除再重新連接。[14] 前述這些，只不過是少數幾種出了問題的例子，這個系統在發育過程中還有更多地方可能出錯；而且接下來，此處即將容納的生理變化及微生物變遷，也像眞正的叢林那麼複雜。

雖然和這個系統有關的事，並不見得每一件談起來都令人愉快，但是事實證明，多了解一點在我們腸子裡發生的事，反而可能會是我們關注個人健康的過程中比較新奇、有趣的部分。爲了更了解這個主題，讓我們到中國走一趟。在那裡，上海交通大學科學家近期的發現，已讓整個飲食科學界耳目一新。詳細情況如下：科學家研究一位病態肥胖者的腸道時（體重約一七五公斤，和一般相撲選手差不多），注意到裡面有大量隸屬腸桿菌屬（Enterobacter）的細菌。在很多人的體內都有腸桿菌，但是在這位特定病人的體內，腸桿菌屬的細菌占了整個系統菌落組成的三五％，這個比率實在很高，爲了了解到底是怎麼一回事，研究者把來自此患者的菌株，種到在完全無菌環境養大的小鼠身上。結果，什麼事情都沒有發生。

這樣的結果，本來有可能會讓這個實驗就此告終。不過，上海的科學家又決定讓這些受腸桿菌感染的小鼠，開始吃和那位患者非常類似的高脂肪飲食，看看會不會發生什麼事。他們怎麼做呢？基本上，就是把這些毛茸茸的小同伴給載到麥當勞去，讓牠們享用雙層吉事堡、大杯汽水加薯條，這些食物含有大量脂肪和大量糖分，結果完全不令人意外：這些小鼠變胖了。

然而，接下來的，才是最精彩的部分：這些科學家遵照基本的科學程序作業，所以還另外養了一群控制組的小鼠，吃的是和實驗組完全一樣的高脂肪食物，但是牠們並沒有感染腸桿菌，結果這些小鼠一直維持瘦巴巴的模樣。[15]所以，肥胖者的飲食才是問題所在？當然可以這麼說，但是這種飲食本身並不是患者之所以這麼重的唯一原因。也許再過一段時間，我們就能確切明瞭遺傳、飲食，再加上特定組合的微生物，究竟可以怎樣幫助我們移動磅秤上的指針。現在我們當然不能像感染疾病那樣「感染」肥胖，但是我們可以傳播細菌，而且如果這種類型的細菌確實有促進人體對脂肪產生不健康反應的潛在能力，那麼它造成的效果的確就和「感染」差不多了。

微生物體指的是棲息在我們身體裡裡外外的那一整個微生物動物園，以及這些微生物的DNA。談到個人微生物體對健康所造成的影響，我們需要考慮的問題，絕對不只是體重增加而已，還包括我們的心臟。你可能早就聽說過紅肉和雞蛋對我們的心血管系統不利，不過你可能不知道，雖然我們早就認爲飽和脂肪和膽固醇會導致罹患心臟疾病的風險提高，但是造成影響的並非只有這兩種因素；更確切來說，有一種在這些食物中普遍存在的化合物，稱爲「肉鹼」（carnitine），同樣會提高罹病風險。肉鹼本身似乎完全無害，但是當它遇上構成大多數人腸道中微生物體的細菌時，就會變成一種新的化合物，叫做「氧化三甲胺」（trimethylamine N-oxide）或是TMAO，這種物質進入血流後，可能會對心臟產生不良影響。[16]

到目前爲止，構成人體微生物體的那些微生物對健康究竟有何影響，這件事所引發的關注，眞的遠比大衆對人類基因體的注意度低得多。不過，這個情況即將改觀，因爲我們愈來愈能明顯看出：一個人體內的微生物體，和他們吃些什麼，以及遺傳到什麼樣的基因，其實都同等重要。即使是擁有相同基因體的同卵雙胞胎，也不見得擁有一樣的微生物體，尤其當兩者的體重並不相同時更是如此。

這就是爲什麼當我們得知監督基因遺傳的重要性時，也應該同時意識到必須更關心體內微生物體的福祉。最容易做到的方法之一，就是考慮採用別的產品來替換掉之前濫用的抗菌產品，像是抗菌肥皀、洗髮精，甚至包括牙膏。除此之外，在你把藥罐子塡滿之前，請審愼地與你的醫生討論這些抗生素處方是否有其絕對必要性。正如我們一次又一次學到的教訓：由於用藥而導致產生的菌落，就像是靠武力翻盤奪得的政權一樣，往往都會帶來出乎意料且影響深遠的後果。

日新月異的遺傳科學

有鑑於這一切的確相當複雜，如果你已經打算放棄，懶得理解接下來還要談些什麼的話，這種反應也算是合理的。不過，讓我再跟你多說一下，究竟還有哪些好理由可以支持我們，讓我們繼續對了解自己與了解我們的飲食保持高度興奮的心情，並且了解這類遺傳資訊究竟會把我們帶到哪裡去。要做到這點，表示我們要先回到急診室——我在將近清晨四點半時抵達急診室，辛蒂和她的母親已經在那裡等著我。

急診室人員已經開始爲辛蒂安排入院程序，我很高興看到她手臂上已經插好靜脈注射管，正在輸入她迫切需要的額外葡萄糖輸液。幫辛蒂補充葡萄糖是至關緊要的一件事，因爲當她的身體開始使用蛋白質作爲能量來源時，原有的OTC缺乏症就會導致體內的氨濃度上升。氨濃度太高對身體有害，尤其是對她正在發育中的敏感大腦，同時也會造成一些伴隨症狀例如嗜睡、嘔吐等，所以辛蒂的母親擔心得不得了。

目前我們對OTC缺乏症的治療比以前積極得多，原因之一就是我們現在更清楚體內氨濃度升高很容易造成腦部受損。治療方案的選擇之一——尤其是針對病況嚴重的患者——是「動刀的基因療法」，讓OTC缺乏症患者接受肝臟移植，主要是因爲移植的肝臟可以爲患者提供一個有作用的基因，彌補他們由遺傳得到的缺陷基因之不足。所幸辛蒂的情況沒有那麼嚴重，並不需要接受肝臟移植。不過，OTC缺乏症的治療選擇方案日新月異，現在就算診斷出患有這種疾病，也不必像從前那樣驚駭悲傷了。

在我等待血液檢驗結果時（血液樣本是放在冰塊上，緊急送往實驗室），不禁想到我們的行醫方式在過去這幾年裡出現了哪些顯著的改變。就辛蒂這個病例而言，以前我們可能不會知道她有遺傳性疾病，等到明白有這回事時大概都已經太晚了——這點特別突顯出如今的醫生務必要知道該做那些檢測，才能正確評估出患者的病情。

辛蒂的檢驗報告終於送回來了，結果顯示，她體內的氨含量並沒有我們一開始以爲的那麼高，她的各個器官也沒有出現任何功能失調的主要徵象。這眞是個好消息！我把我的會診紀錄寫完以後，用電子郵件寄給白天班的團隊，讓他們能夠順利接手我們晚班的工作。等到我要離開醫院的時候，感覺已經有點累了，也許三個半小時的睡眠終究還是不夠。

我帶著惺忪睡眼開車回家，沖澡更衣，一邊想著生化與遺傳上的奧祕如此巨大，往往遮蔽了我們試圖了解像辛蒂這類病人的病況所做的努力。目睹這些勇敢的孩子與他們的家庭日復一日的經歷，常常引發我靈光一閃，迸出新的思維方式，這些想法偶爾會爲我的臨床研究帶來新的轉機。如果我不是有這個榮幸，能夠花時間陪伴這些了不起的家庭，度過這一段段的醫療旅程，我肯定會錯失許多探索新途徑的機會。

接下來，我們將要看到的是一種新篩檢方法的發展過程，這種方法可以及早發現像辛蒂這樣的孩子，以便找出他們需要的特定飲食療法及特殊醫療照護，爲他們的一生帶來截然不同的結果。想要看出我們在個人化基因營養學領域上究竟朝著哪個方向前進，先知道我們是從哪裡起步的，可能會很有幫助。如果你或你所愛的人是在一九六〇年代後期出生的話，你們很可能已經因爲這種方法而受惠。

新生兒篩檢

一切開始於一九二〇年代末期另一位憂心忡忡的母親，這位女士是挪威人，名叫寶格妮・愛格隆（Borgny Egeland），急切地想爲自己的兩個小孩尋求援助。她的女兒叫麗芙，兒子叫達格，兩人都有嚴重的智能障礙，但是愛格隆確信這兩個孩子在嬰兒時期，並沒有受到這種問題影響。她向一個又一個醫生求援，甚至向信仰療法求助，只希望能夠找到一個人──任何人都行──對她的孩子伸出援手，但是一切都徒勞無功。[17]

幸運的是，終於有一位醫師兼化學家阿斯比約恩・福林（Asbjørn Følling），決定認眞看待愛格隆的請求。其他人都不把愛格隆說的話當一回事，只有福林在得知孩子們的處境後，專注地聽她訴說，並且在聽到孩子的尿液有奇怪的強烈霉味時，似乎特別感興趣。

在福林的要求下，愛格隆將麗芙的尿液樣本送到實驗室去。起初，這樣本似乎完全沒有値得注意的地方，因爲所有的常規檢查結果都是正常的；不過，到了最後一項測試就不同了。這項測試是滴下幾滴氯化鐵，以檢驗尿液中是否有酮存在──如果人體不是以葡萄糖爲燃料，而是改爲燃燒脂肪來獲取能量，就會產生酮這種有機化合物。只要有酮存在，氯化鐵測試便會將麗芙尿液的顏色從黃色變成紫色，但她的尿液卻變成綠色。

福林被這樣的檢查結果迷住了，要求愛格隆再送來另一份尿液樣本，但這次的樣本來自麗芙的弟弟達格，結果氯化鐵測試再一次把尿液變成綠色。接下來兩個月，愛格隆一次又一次地把孩子的尿液樣本帶給這位科學家，而這位醫師也一直努力設法分離出會讓測試出現異常結果的原因，最後總算確認是一種叫做「苯丙酮酸」（phenylpyruvic acid）的化合物。

爲了確定自己是不是對的，福林又和挪威一些專門爲發育障礙兒童服務的機構合作，蒐集更多的兒童尿液樣本。最後發現，有八個樣本（其中兩個樣本來自一對兄弟），在氯化鐵測試上出現相同的反應。這種化合物後來確認是數千件智力受損案例的元凶，雖然福林已經辨識出它究竟是什麼東西，但要到再過好幾十年之後，才有其他幾位醫生研究出這樣的病況源自新陳代謝的先天遺傳錯誤（和辛蒂的ＯＴＣ缺乏症類似），使得這些幼童無法分解苯丙胺酸（phenylalanine），這是在幾百種富含蛋白質的食物裡常見的化學成分。

結果眞的沒錯，正如愛格隆一開始懷疑的那樣，她的孩子在出生時並沒有任何智能障礙的問題。但是，這種遺傳性代謝疾病——最後被命名爲「苯酮尿症」（phenylketonuria），簡稱ＰＫＵ，造成苯丙胺酸在血液中堆積，最後濃度增高到對大腦產生不可逆毒性的地步。所有訊息拼湊起來之後，科學家研究出一種確定罹患ＰＫＵ者適用的特殊飲食，確實可以防止智力受損的問題發生。唯一的困難就是，必須在孩子們出現不可逆症狀之前，便要確認罹病的事實，並且馬上切換爲新的飲食習慣。

但是要怎麼做，才能知道某人患有ＰＫＵ，而且在任何改變都未發生之前便及早發現呢？這的確是個難題，不過最後有一個人找到解決之道，這個人就是羅伯特．蓋斯瑞（Robert Guthrie）。他是個醫生，也是科學家，一開始是專職擔任癌症研究員，但職業生涯最終卻踏入與初衷大不相同的領域，離開腫瘤學，轉爲研究智能障礙的原因及預防。他之所以會有這樣的轉變，其實也是基於一個非常個人的原因：他的兒子有智能障礙的問題，他的姪女也是，但他姪女的認知能力受損原本是可以避免的，因爲她一出生就有ＰＫＵ。

蓋斯瑞運用自己做癌症研究的經驗，設法克服ＰＫＵ的檢測問題。他設計出一套系統，只要從新生兒的腳後跟採取少量的血液樣本，蒐集和儲存在小卡片上，就可以用來檢驗有無ＰＫＵ。這種卡片後來被稱爲「蓋斯瑞卡」（Guthrie card），美國在一九六〇年代末期將這種檢測列入常規檢查，其他數十個國家也在接下來幾年紛紛跟進；幾十年來，這種檢驗方式已經擴充爲可以檢測出多種其他疾病。

從寶格妮．愛格隆決心排除萬難，努力爲她的孩子尋找造成智能障礙的原因，一直到蓋斯瑞的檢測方式獲得廣泛應用，一共花了超過四十年的時間。當然，這樣的發展來得太晚，已經來不及幫助愛格隆的孩子。這樣的悲劇有多麼沉痛，任何人都無法以筆墨形容。同樣地，這場始於愛格隆而終於蓋斯瑞，一路鍥而不捨，終於走向光明未來的綿長歷程所展現出來的榮耀光輝，也遠超過文字能充分表達的程度。有鑑於此，我在這裡只能借重能人之言，引用一段諾貝爾文學獎與普立茲獎得主賽珍珠（Pearl Buck）的文字。

賽珍珠女士的女兒可能罹患了PKU，她說：

「過去如此，並不代表未來必定永遠如此。對我們的一些孩子而言固然爲時已晚，但若他們的困境可以讓大家覺悟這樣的悲劇完全可以避免，那麼無論他們的生命遭遇多大的挫折，都不會是沒有意義的。」[18]

愛格隆的兒女遭遇的悲劇，也絕對不會是沒有意義的。

如今，蓋斯瑞卡及因其發展出來的新生兒篩檢測試，已經擴充爲包含其他幾十種代謝疾病的檢驗程序。這又是另一個好例子，讓我們再次明白，看似罕見的疾病，卻能對所有人造成廣泛的影響。不過，就算有新生兒篩檢，也無法一網打盡所有問題；對某些人來說，只有一些最先進的基因檢測，才能揭露在某些營養方面的極小決定、卻會對健康造成極大差別的事實。

同一病症，不同表現

二〇一〇年春天的曼哈頓，我在一個下雨的早晨第一次遇見理查。在我踏進檢查室的時候，他根本已經鬧得天翻地覆了；後來我才知道，這種情形對這個孩子來說，其實是家常便飯。

當然，就十歲左右的男孩而言，桀驁不馴是很常見的事，但是這個男孩嚴重的程度遠遠超過知名繪本及電影《野獸冒險樂園》（*Where the Wild Things Are*）裡的主角麥克斯（Max）；不用說，他在學校自然惹出相當多的麻煩。不過，這倒不是理查第一次造訪這家醫院的原因；他到醫院來，是因爲他的兩條腿都會痛。

不管以任何其他方式，或是完全就外表印象而言，理查看起來幾乎像是健康的化身。他的新生兒篩檢結果？完全正常。那麼，他最近幾年的體檢報告又如何？每一樣都符合一般標準。他的情況眞的很不錯，事實上，如果不是有幾位非常優秀的醫生特別留意到他反覆抱怨的疼痛，並沒有把這些症狀隨便用個很不科學的診斷——「生長痛」——打發過去的話，任何人想要看出他有什麼毛病，恐怕都得花上好大一番功夫。

由於找不到更好的解釋來說明這個男孩的腿部疼痛，這些醫生爲他安排了基因檢測，結果檢驗報告顯示，理查有OTC缺乏症的問題，也就是我們先前提過的辛蒂罹患的那種病症。你可能還記得，辛蒂的OTC症狀讓她成爲醫院的常客，但是理查的OTC並不是這麼回事，他表現出來的情況和辛蒂大不相同。除了莫名其妙的腿痛之外，這種病對他似乎完全沒有影響，這種腿痛很可能和他體內高於正常標準的氨濃度有關。

理查的其他症狀雖然確實存在，卻非常輕微，這點讓理查和他父親有些難以相信他眞的有什麼不對勁的地方。雖然醫生早就再三告誡過理查和他的雙親：OTC缺乏症患者應該盡量維持低蛋白飲食，因爲他們的身體無法妥善處理大量蛋白質，但其實我和理查見面的那一天，還是看到有一根用鋁箔包裝的義式臘腸從他的後口袋露了出來。

這根香腸正是一條線索，告訴我們他的症狀爲何無法消除。理查的家人還沒有搞清楚這回事：報告中提及理查在學校或家中都有注意力不集中的情形，其實這不是行爲上的問題，而是生理上的問題。體內氨濃度高於正常標準對大多數人而言，可以導致震顫、抽搐及昏迷，但在理查的情況中，很可能正是升高的氨濃度讓他變得急躁、好鬥，無法集中精神。

不過，我得老實說，我一開始也沒能看出這回事。理查在我們初次見面後回家時得到的醫囑，就是必須更嚴格遵守他的飲食戒律，因爲我們認爲這麼做對他的腿痛會有幫助。想知道理查的問題是否眞的超過表面上看起來的程度，唯一的辦法只能等待他三個月後回診的結果。結果，他在這段時間內確實嚴格注意飲食，所以他的腿已經不痛了，這點實在太棒了；但是，更令人驚喜的是，他在學校的狀況史無前例地好得不得了，他變得更平靜、更能專心，再也不是野獸國裡的國王了。

在接下來的幾個月裡，由於理查的所有相關問題顯著好轉，讓我想到了很多事。這世上毫無疑問，一定有很多像理查這樣的孩子；事實上，可能還有更多、更多類似的例子，這些孩子在渾然不知的情況下，吃著對他們的基因並不合適的食物。也許，他們的症狀還沒有嚴重到足以將他們推下代謝的懸崖，但可能已經足夠讓他們贏得一趟前往校長辦公室的旅程。事實上，大部分經我診療的孩子，都已經被送到非常專門的醫療中心來，這不禁讓我想到：不知道我們在最初步的一般醫療過程中，已經錯失了多少有代謝問題的患者？此外，還有多少患者是根本從未接受過任何診療的呢？

我們眞的不知道，究竟有多少已被確診出有某種形式認知功能障礙或甚至有自閉症問題的人，其實是受到代謝疾病的潛在影響，但是從來沒有人診斷出他們有這類毛病，也沒有人幫助他們解決這類問題。舉例來說，在我們知道有ＰＫＵ之前，我們根本不明白這些孩子的智能障礙，其實是源自未治療的代謝疾病。我希望，隨著科學愈來愈進步，我們也能對愈多像理查這樣的病例更加了解，然後就可以運用符合患者個人基因與代謝需求的醫療干預方式，以及簡單的生活改變，來改善更多人的生活。

所以，辛蒂、理查和傑夫的故事，已經教導我們哪些和營養有關的事情呢？答案是：從基因體著眼，我們所有人都是不同的個體；就表觀基因體、甚至微生物體而言，更看得出每個人都是獨一無二的。吃得最好，並不代表能夠避免營養缺乏的情況發生，我們做得到、也應該要做到的事，就是研究自己的基因及新陳代謝的情況，以尋找線索知道哪些食物最適合我們。這麼做所得到的發現，對於我們應該吃及不應該吃些什麼，絕對有顯著的意義。

我們目前的進展，將要超越爲罕見遺傳疾病患者設計特殊飲食的程度。經由基因定序得來的資訊，已經讓我們踏上轉捩點，現在終於能夠受邀坐下來，好好享用一頓配合個人遺傳基因組成而準備的大餐了。接下來，我們要考慮的，已經不只是配合個人基因遺傳攝取更個人化的飲食，而是到了該好好審視自家藥櫃的時候了。

6 基因用藥

每年都有成千上萬的人死去，有更多的人淪爲重症，而且這些人之所以如此，正是因爲他們完全遵循醫囑上的分量用藥。但這並不是說他們的醫生怠忽職守，事實上，在大多數的情況中，這些醫生的處方絕對完全符合藥廠及專業醫療協會提供的建議。這些藥物之所以產生不良反應，原因其實是在我們的基因上；就像咖啡因代謝的情況一樣，有些人的基因就是會讓他們比別人更善於分解某些藥物。

導致藥物不良反應產生的原因，並不是只看你遺傳到哪個版本的基因；更確切而言，你遺傳到幾條這樣的基因也同樣重要。有些人遺傳到的相關DNA，可能比別人多一些或少一些，所以可以想見，這會導致每個人都有相當大的差異。除非針對這方面做了基因檢測或基因定序，否則你不可能知道自己究竟遺傳到什麼樣的情況。

如果你的基因體發生缺失（deletion）問題，造成DNA少了一段，而且這一段DNA湊巧記載的是對發育及健康至關重要的訊息，那麼這種基因變異就有很大可能會引發某些特定症狀。不過，假如DNA發生的是重複（duplication）現象，那就不見得能看出最後究竟會產生什麼作用了。

多出一點點額外的DNA，有時候並不會有任何影響，有時候卻可能顛覆你的生活。接下來，我們將會看到，額外的一點點DNA甚至可以促使普通藥物產生致命的後果。你現在得到的訊息就是：你對基因體做了些什麼，和你遺傳到什麼樣的基因同等重要，而這些生活方式的選擇，自然包括你服用什麼藥物在內。

惹事的第三條基因

有個令人心碎的例子：一個名叫梅根的年幼女孩，在做完常見的扁桃體切除術之後死亡，但並不是因爲她的身體無法應付麻醉或手術本身；事實上，手術相當成功，梅根在術後第二天就出院回家了。梅根之所以死去，是因爲醫生對於某件與梅根生死攸關的事一無所知，因爲沒有人查看過梅根的基因。

其實，梅根也很有可能好好地過完一輩子，完全不知道自己的遺傳密碼和別人有什麼不同。梅根遺傳到的基因體中有個非常小的重複現象，跟數以百萬計的其他人也有的DNA微小變異並無多大差別。一般人會正如我們預期的那樣有兩條CYP2D6基因，一條來自父親，一條來自母親；但梅根因爲基因體上出現這一段小小的重複，所以她有三條這種基因。[1]

結果她也像之前的數百萬名病患一樣，拿到含有可待因（codeine）的藥物以紓解術後疼痛，然而梅根遺傳到的基因，讓她的身體可以把少量的這種藥物變成大量的嗎啡。因此沒有多久，對大多數兒童而言是可以減少疼痛、讓術後更舒適的建議劑量，對梅根來說卻變成過量藥物，害得她一命嗚呼。

這就是爲什麼美國食品藥品監督管理局（U.S. Food and Drug Administration）在二〇一三年終於決定，禁止開具含有可待因的藥方給動過扁桃腺切除手術及腺樣體切除手術（adenoidectomy）的兒童患者。[2]這場悲劇其實更爲複雜，因爲事實上這並不是一個罕見的反應，多達一〇%的歐洲血統者及三〇%的北非血統者，會對某些藥物有超快的代謝反應，[3]全都是因爲他們遺傳到不同版本的基因。

有鑑於我們開出的處方藥物種類之多，以及牽涉的遺傳學因素之繁複廣泛，在諸多原本想用藥物幫助病人痊癒卻適得其反的案例中，前述的可待因用於兒科患者的例子，恐怕只是九牛一毛罷了。我們現在已經有了工具，可以靠相當簡單的基因檢測，來辨識出哪些人對某些藥物——包括鴉片類藥物——代謝超快或超慢。不過，如果你最近曾經拿到醫生開的泰諾三號（Tylenol 3）這種含有鴉片類可待因的藥物，那麼你很有可能還沒有做過這類測試。

爲什麼這類檢測並沒有更積極地實施呢？這是個非常好的問題，我極力鼓勵你在讓自己及孩子接受某些藥物治療前，先對醫生提起這類檢測。[4]當然，對一些人有危險並不代表對所有人都有危險，對某些人而言，可待因可能是緩解疼痛絕對安全有效的選擇。

所以，我們正朝著一個新的世界邁進，在那個世界中，任何一種容易受基因遺傳影響的藥物都不會有一般建議劑量，只有在考慮過諸多遺傳因素之後，完全針對個人量身打造、劑量也恰到好處的處方——只適合你一個人。我誠心希望這樣的情景能盡早實現。

藥物的「建議」劑量，代表這個劑量對大多數人最合適，但並不表示對所有人都最合適。除此之外，我們現在也開始了解，在對預防保健策略如何反應方面，個人的基因體同樣扮演著極重要的角色。爲了讓你更明白這點跟你自己以及後續你會得到的健康建議有什麼關係，我要向你介紹傑夫瑞．羅斯（Geoffrey Rose），並且讓你熟悉以他爲名的「預防悖論」（Prevention Paradox）。

對整體有益的，可能對特定個體無益

有些醫生從事臨床執業工作，有些醫生則成爲研究人員，並不是每個人都能兩者兼顧，也不是每個兼具兩者身分的人都願意如此。不過，對某些醫生——包括我自己——來說，能夠看到實驗室的研究成果反映在患者的生命上，帶來的不僅是絕佳良機與非凡見識，還包括能站上第一線幫助他人的無比殊榮。

這點也是促使傑夫瑞．羅斯不斷往前邁進的動力。他在世的時候，名列世上最重要慢性心血管疾病專家與最卓越流行病學家之林，研究學界自然不可能還要求他到聖瑪麗醫院（St. Mary's Hospital）擔當任何臨床工作，但是羅斯數十年如一日，一直持續在這座位於倫敦歷史悠久之帕丁頓區的醫院服務。即使在殘酷的車禍幾乎奪走他的性命，並導致他的一隻眼睛失明之後，他的看診工作也不曾中輟。羅斯曾經對同僚表示，他之所以繼續這麼做，是因爲他要確保自己的流行病學理論，永遠都有堅實的臨床意義基礎。[5]

羅斯最知名的成就，可能是他對全民預防策略之必要性的特別強調，例如我們針對心臟疾病之流行所實施的教育措施及介入措施。不過，他也完全承認這種方案在公衛方面的失敗，並稱此情況爲「預防悖論」，其論點是：那些能夠爲整體人口減低風險的生活方式措施，其實對任何一個特定個人可能只有很少或甚至沒有好處。[6]這種方法著重於整體的成功，但忽略少數在基因上不完全符合多數標準之個體的需求。

用更簡單的方式來說，對身高一七八公分、體重八四公斤的白人是特效藥的東西，對你來說可能一點效果也沒有。而且，說不定就像我們在本章開頭讀到的梅根與可待因處方一樣，甚至會讓你命喪黃泉。即便如此，我們還是藉著爲全民接種牛痘疫苗以預防天花之類的方式，在健康結果上得到驚人的良好成果。無論如何，醫生治療的通常不是整個群體，而是群體中的個體，但我們行醫的準則卻是衍生自人口研究所得的證據，這種研究囊括的個體涵蓋各種不同的遺傳背景。這就是爲什麼長久以來施行兒科扁桃腺切除手術之後，都是用可待因來緩解疼痛，因爲它在大部分的時間，對大多數的兒童都有效。

「預防悖論」的例子之一，會發生在低密度脂蛋白（LDL）膽固醇或稱「壞」膽固醇過高的人開始服用魚油補充品的前幾週。研究人員發現，服用魚油——這種油富含omega-3脂肪酸，來自鯖魚、鯡魚、鮪魚、大比目魚、鮭魚、鱈魚肝，甚至鯨脂——對所有研究對象造成的LDL改變差別的幅度非常大，從下降五○%到暴增八七%都有。[7]更進一步深入研究的結果顯示：帶有APOE4這種基因變異的人，如果在飲食中補充來自魚油的這種所謂「健康」脂肪，反而會對他們的膽固醇指數產生極其不利的影響。這代表補充魚油對某些人的膽固醇指數可能很有好處，對另外一些人卻糟糕透頂，究竟結果會如何，端賴個人遺傳到什麼樣的基因而定。

到目前爲止，魚油並不是世界各地數以千萬計的人們每天會攝取的唯一一種補充品。根據估計，超過半數以上的美國人會猛吞營養補充品，希望能用這種看似簡單而自然的方式來避免生病或治療疾病，因此這類產品一年的銷售金額高達二七○億美元。[8]

就營養補充品或維生素而言，並沒有很多醫療方針或建議可遵循，這可能就是爲什麼經常有人問我：「服用這些補充品，到底有沒有好處？」，以及如果有好處的話，「究竟該吃多少劑量？」這類問題的原因之一；而我的答案通常都會附加「要看情況而定」這種修飾詞語。會讓你需要服用或避免服用營養補充品及維生素的原因很多，像是：醫生有跟你說過你特別缺乏某種營養素嗎？你本身有沒有哪種基因遺傳的情況，會讓你需要增加某些維生素的攝取量？還有，最重要的一點：妳懷孕了嗎？

談到胎兒的發育，沒有比這個階段更適合用來了解維生素和基因的有效組合如何共同防止嚴重先天缺陷了。爲了讓大家的了解能夠更上一層樓，我們需要回到二十世紀的最初期，我想向各位介紹一隻淘氣的猴子。

大啖馬麥醬的猴子

讓世界各地的天生缺陷根除的最大進展，應該是始自露西．威爾斯（Lucy Wills）和她的猴子。這是一個非常好的例子，說明古老模式中「在大部分時間適合大多數人」的措施如何成效斐然，挽救及改善了某些生命，但對衆多人口中另外一些成員而言，這類措施最好的結果頂多就是毫無效果，但最壞的情況卻可能危及生命。

威爾斯和許多在十九、二十世紀交替前出生的年輕聰明未來醫生一樣，對當時位居最尖端領域的佛洛伊德思想非常著迷，曾經考慮以兼具科學及藝術特質的精神病學爲畢生職志。不過，她在倫敦大學女子醫學院（London University's School of Medicine for Women）求學受訓時，由於這所學校仍然和印度幾家醫院保持密切關係，威爾斯因而獲得獎學金前往孟買，研究一種當時還沒有什麼人了解的疾病：「妊娠巨紅血球性貧血症」（macrocytic anemia），這種病可以導致某些孕婦變得虛弱、疲勞、手指痲木。[9] 威爾斯很快就明白了一個和她自己有關的事實：她很喜歡這種精彩的謎題。

當時，人們對妊娠巨紅血球性貧血症的起因所知甚微，只知道患者的紅血球會膨脹且顏色變淺。但是，爲什麼會這樣呢？基於該疾病襲擊貧困婦女的比例高得出奇，威爾斯懷疑這種病可能和她們的飲食有關。無論在威爾斯那個時代，還是我們現在都一樣，位居社會底層的弱勢窮困者，往往不容易得到新鮮的水果和蔬菜，這正是威爾斯研究的這些印度紡織女工的情形。

爲了驗證她的學說，威爾斯試著餵懷孕的大鼠吃和那些紡織女工所吃的差不多的食物，果然這些大鼠的紅血球也開始產生類似的變化。威爾斯很快就發現，用這種方法同樣可以在其他實驗室動物身上造成類似的結果。了解這回事之後，威爾斯開始「重建」這些動物的飲食，她使用的方式就像現代父母鼓勵及引進新食物給自己的小嬰兒吃一樣，一次只增加一種食物，這樣才容易確認不良反應究竟是怎麼引發的。

威爾斯知道，吃完全健康的飲食應該可以讓問題消除，但她也知道自己沒有能力讓全印度的婦女都吃到健康的食物，所以她需要做的，就是辨識出這些婦女的飲食中到底少了哪一種膳食要素，然後就可以在婦女懷孕時爲她們補充這項營養素。但儘管她付出了相當大的努力，這種營養成分卻一直難以捉摸——直到命中注定的那一天，一隻她用來做實驗的猴子拿到一些馬麥醬（Marmite）。

如果你是英國人，或是住在曾經被大英帝國殖民過的國家，你可能就會知道馬麥醬是什麼東西。這是一種很黏稠、帶著重鹹味的深褐色抹醬，以濃縮啤酒酵母製成，它的味道有的人愛得要死，也有人討厭得不得了。同類產品除了 Marmite 之外，還有 Vegemite、Vegex 和 Cenovis 等不同品牌，這種東西當然不見得適合所有人的口味，但也有人不管到哪裡都非要吃到它不可。馬麥醬在兩次世界大戰中都被列入英軍的軍用口糧名單裡；一九九九年的科索沃戰爭期間，英軍的食品補給供應鏈曾經發生馬麥醬短缺的情況，後來士兵和他們的家人合演了一齣成功的書信陳情大戰，終於讓馬麥醬重返軍中營帳的餐桌上。[10]

威爾斯把她自己做過什麼事都一絲不茍地記載在筆記本上，但完全沒有任何紀錄提到這隻猴子到底是怎麼拿到馬麥醬的。反正這類「猴事」就是這個樣子，那隻調皮的小傢伙可能就是從威爾斯的早餐偷到這東西。威爾斯發現，她的猴子在飽食馬麥醬盛宴後，上演了一場值得注意的醫療康復大戲。原來，這種愛好者戲稱爲「玻璃罐裡的柏油」的食品富含葉酸，這正是它能治癒妊娠巨紅血球性貧血症的祕密。

接下來又過了二十年的時間，研究者才明白葉酸對這種病症具有強大療效的確切原因。

從那個時候起，我們便學到原來葉酸在細胞快速分裂期間不可或缺，這就解釋了爲什麼懷孕婦女沒有得到足夠葉酸時會出現貧血症狀，因爲她們肚子裡的胎兒爲了成長把她們體內的葉酸都消耗掉了。

到了一九六〇年代，科學家又確立了葉酸缺乏與神經管缺陷之間的關連。神經管缺陷（neural tube defect）簡稱ＮＴＤ，指的是中樞神經系統出現異常開口，像是脊柱裂（spina bifida）患者出現的那種情況。這類問題的影響幅度差異很大，有的相對而言比較良性，但嚴重者足以致死——這就是爲什麼醫生經常建議育齡婦女補充葉酸，甚至在懷孕之前就該開始，因爲葉酸能夠有效防止ＮＴＤ的決定性期間是懷孕期的最初二十八天，而很多婦女在此時根本還不知道自己懷孕了。葉酸可以降低早產及先天性心臟病發生的機率，而且根據最近的一項研究，它甚至可能可以減少孩童罹患自閉症的機會。[11]

現在，即使已經知道前述事實，如果你還是沒辦法把一坨馬麥醬抹到自己早餐要吃的土司麵包上，那也不用擔心，從許多食物中都可以自然獲得葉酸，像是扁豆、蘆筍、柑橘類水果，以及多種綠葉蔬菜。美國婦產科醫師學會（The American College of Obstetricians and Gynecologists）建議所有育齡婦女每天至少要攝取四百微克葉酸，這個攝取量是以具有一般基因的一般女性爲基準而定的，但我們現在已經知道，其實根本沒有「一般病人」這樣的東西。這個建議攝取量也沒有考慮一種最常見的遺傳變異：大約三分之一的人在某種基因上擁有不同的版本，這種基因叫做「亞甲基四氫葉酸還原酶」（methyltetrahydrafolate reductase），簡稱MTHFR，對人類體內的葉酸代謝極其重要。

我們不明白的是，爲什麼某些婦女從懷孕前就已經勤於服用葉酸補充品，但是仍然生出了有NTD的孩子？[12]看來，有些女性的MTHFR基因或其他參與葉酸代謝的相關基因產生了某種突變，對於這樣的婦女而言，四百微克的葉酸根本就不夠。基於這點，她們很可能會遵照目前有些醫生的建議，服用更多葉酸，認爲這樣會帶來好處，尤其可以防止胎兒出現NTD的情況再度發生。然而，你眞的認爲最好的辦法就是寧可打安全牌，也不要冒日後遺憾的風險嗎？

在你跑出去找藥房之前，也許應該先把別的方面也列入考慮。服用過多的葉酸，可能會掩蓋另一種問題：鈷胺素（cobalamin），也就是維生素B12的缺乏。簡言之，尋求阻止一個問題發生的過程，可能會隱藏另一個問題的存在。就了解攝取大量葉酸補充品的短期與長期風險來說，我們現在仍處於非常早期的臨床試驗階段；事實上，這個時候眞正稱得上是不冒日後遺憾之險而打安全牌的策略，應該是不要把任何額外的化合物送進體內，除非你很肯定自己和未來的寶寶需要這種東西。這也正是爲什麼若能徹底檢視你的基因體，絕對會有很大幫助的緣故。

不過，直到最近，仍然沒有很好的方法可以得知我們帶的究竟是哪種版本的MTHFR基因。目前已經有的測試，是檢測 MTHFR 基因的多種常見版本或是其多型性（polymorphism），此測試已被涵蓋於某些類型的產前檢查中。這些篩選檢測或帶因者檢測（carrier test），等於是在幾百個基因中尋找數以千計的突變。如果你正打算懷孕，把這類測試添加到你想詢問醫生的那一長串問題清單裡，算是個很不錯的選擇。

如果詢問這類檢測基因不同版本（例如 MTHFR）的產前基因檢測在市面上是否已找得到付費服務時，你的醫生無法馬上提供權威性的答案，你也不必太訝異。雖然測試成本已經大幅下降，但和檢測的容易獲得性相較，如何解釋及運用檢測所得資訊的腳步目前還落後許多。特別是現在有很多醫生仍在嘗試判斷怎麼做才是正確步驟，才能有效地以個人化照護方式為女性提出建議。這都是他們以前根本不必做的事，但在這些醫生對我們遺傳到的基因差異（像是 APOE4），以及我們這輩子做的哪些事可以對這些基因產生影響（例如服用魚油）了解更多之後，他們的看診方式就開始改變了，而且改變得很快。

許多相關發現極其重要，已經導致新的學術領域誕生，像是藥物遺傳學（pharmacogenetics）、營養基因體學、表觀基因體學（epigenomics）等，這些科學的目標是將所有資訊匯合起來，更了解我們的生活如何受到基因影響並且因而產生改變。

既然你已經知道遺傳在我們的營養需求上扮演著重要的角色，在你伸手拿取下一項補充品之前，還有一件事你可能會想列入考慮。請允許我帶著你踏上這趟重要的附加之旅，一同探索我們吃的維生素補充品究竟是打哪兒來的。

純天然的還是比較好

也許你正在採取一些改善健康的行動，也許這類行動是你的新年願景，或者你剛抵達一個讓你覺得該有所改變的人生轉捩點。也有可能這一切討論營養的篇章讓你想到自己的體重，所以你決定嘗試甩掉幾公斤，或是嘗試多睡一點覺。不管你的計劃是什麼，你都很有可能會用到或已經開始服用某種維生素或藥草類補充品。也許是兩種、三種，甚至七種。但你有沒有想過這些藥片和膠囊的來源？還有那些可愛又有嚼勁的小熊軟糖所含的維生素C是從哪裡來的？

我敢打賭，有些人會說：「就是從柳橙來的啊！」這樣的答案沒什麼好奇怪的，畢竟銷售這些產品的公司，常常在他們的維生素C標籤上印著柳橙或其他柑橘類水果的圖案，彷彿他們的員工今天早上是在佛羅里達州的柳橙園醒來，從樹上摘下肥美多汁的水果，經過一些神奇的過程後，把這些果子縮小，變成可以吃的泰迪熊模樣。

事實是這樣的：你和你的孩子今天早上吃的維生素，很多都是透過與處方藥物非常類似的製造過程做出來的。就某個方面來思考，這也很不錯，代表這些維生素及補充品的製程始終如一，你今天拿到的東西和昨天拿到的大體而言不會有什麼兩樣，而且明天也一定還是可以拿到相同的產品。這是眞的，除了被列入不同的政府規章管轄範圍之外，處方藥和許多維生素唯一的眞正區別，在於後者其實是通常在食物中可以找得到的天然化學物質。

不過，呑下補充品和攝取食物中的維生素，完全是兩碼子事。我們在吃柳橙的時候，吃到的並不是一顆純粹由維生素C構成的水果，而是同時吃下其他的組成物，包括纖維、水、糖、鈣、膽鹼、維生素B1，以及數千種植物生化素（phytochemical），絕對不會只限於單一維生素。服用維生素補充品有點像是只聆聽〈帝國之心〉（"Empire State of Mind"）這首歌的鋼琴循環伴奏，把Jay-Z的押韻饒舌、艾莉西亞·凱斯（Alicia Keys）的搭配演唱、節奏音軌、吉他即興演奏全部去掉，最後大概只剩下同樣幾個小節不斷重複的鍵盤敲擊聲。

這樣吃維生素，失去的是整體營養交織而成的交響樂，也就是在眞正的柳橙中所包含的所有其他植化素和植物營養素（phytonutrient）。這些成分究竟有什麼作用，我們到現在還未能完全理解。但這並不是說在某些情況下補充維生素沒有幫助，因爲我們已經看到使用葉酸來預防神經管缺陷的例子。不過，如果你正在服用補充品，或是讓你的孩子服用補充品，而不是攝取那些其實你可以取得、而且自然得多的食物，那麼你可能錯失了眞正至高無上的營養，也就是以維生素最自然的形式來攝取它們。

如果你打算把營養基因體學及藥物遺傳學的最新研究結果，運用在自己的日常養生之道中，你該從哪裡著手呢？正如我們之前所討論的，一開始你應該盡可能多了解自己的基因遺傳狀況，甚至可以考慮經由檢測，爲自己的整個外顯子組或基因體定序。趁你還健康活著的時候，釐清自己的遺傳資訊，並且善加運用，這絕對是比較好的選擇。不過，是不是還活著，其實並不是得到結果的必要條件，正如你接下來將要看到的，一旦牽涉到基因，連死人也能發言。

冰人奧茨與摩門教徒給我們的啓示

那具屍體的外形已遭損毀，又腐爛得很厲害，所以當那一小群登山客在奧地利與義大利邊境附近的奧茨塔爾阿爾卑斯山脈（Ötztal Alps）艱苦跋涉，偶然發現它時，他們本來以爲是找到某個登山遇難者的遺體，說不定是好幾季前喪命的某個人。

把屍體移下山來，花了好幾天的功夫。不過，一送到山下，就能明顯看出這具屍體並不是普通的徒步登山客；更確切來說，這是一具保存異常完好的木乃伊，科學家認爲這具屍體至少已有五千三百年的歷史。

冰人奧茨（Ötzi）被發現至今已經幾十年了，我們也已經得知非常多與他的生活及死亡相關的訊息。首先，他看起來是被殺害的；這場致死的暴力行爲，始於卡在他左肩軟組織的箭頭，緊接而來的是對頭部的一記重擊。分析他的胃腸內容物，可以看出他在世的最後那幾天吃得很不錯，有穀物、水果、根莖類，以及幾種不同類型的紅肉。

一直到研究人員從奧茨的左臂取出一小塊骨頭，基因體帶來的樂趣才眞正開場。從對保存在奧茨骨骼中的DNA所做的基因分析中，可以看出雖然他是在義大利北部的嚴寒山區被發現的，但目前與他在血緣上最相近的遺傳親屬，卻是住在地中海薩丁尼亞島（Sardinia）與科西嘉島（Corsica）的島民，距離他陳屍之處超過三百哩遠。奧茨似乎有較淺的膚色，棕色的眼睛，血型是O型，有乳糖不耐症，也有較高的遺傳風險可能會死於心血管疾病。這意思就是說，如果我們能回到過去，讓奧茨遠離牛奶、肉類及謀殺，那麼他有可能會比我們現在估計出來的四十五歲活得再稍久一點。[13]

對奧茨來說，這些遺傳訊息來得有點太晚，已經無法提供幫助。但是，如果連一個五千多年前在阿爾卑斯山上漫遊而後死去的人，我們都能發現這麼多資訊的話，試想我們如今可以多麼了解自己呢？對於沒有機會做全面性基因檢測或定序的人，還有一種比較低科技的方法可供選擇：你不需要讓自己承受奧茨忍受過的那種嚴格精確的死後基因檢測，只要照著慣例爬上你的家族樹，就能幫助你取得許多極有價值的資訊。舉例來說，只要先問問自己的親人，有沒有發生過急性的藥物反應，說不定就可以救你自己一命。

當你想要把一種複雜的疾病，歸因於各種遺傳的交互作用時，任何一種資訊都有可能是決定性的關鍵。事實上，沒有別的東西可以替代良好的家族病史，這就是爲什麼一提到未來數十年的優生保健工作，摩門教徒可說是一路領先。

你可能知道摩門教徒就是成長快速的國際耶穌基督後期聖徒教會（Church of Jesus Christ of Latter-day Saints）的成員，你也可能偶爾會直接和他們打過照面——兩人一組，俐落短髮以髮膠往後梳平，穿著深色寬鬆長褲，白襯衫上有黑色的姓名標籤——而且就站在你家門口。不過，你可能不知道，有些摩門教徒會施行爲死者洗禮的儀式，因爲他們相信在生前沒有機會接受教會洗禮的人，可以藉由這個第二次機會得到救贖。也就是說，逝者可以由活著的摩門教徒擔任代理人接受洗禮。

這種儀式促使現代摩門教徒進行極爲複雜的電腦化家族系譜研究，這就是爲什麼許多教會成員可以背誦追溯到幾百年前的祖先姓名及其生平事蹟的關鍵原因，即使這些家系圖譜因爲一夫多妻制而變得錯綜複雜，對他們來說也不是問題，因爲他們想確保不曾遺漏任何一位摩門教徒的靈魂。對於想把遺傳疾病和家族史連結起來的醫生而言，這種詳細的資訊簡直就像一座金礦。時至今日，摩門教會已經把許多家族系譜紀錄放在網路上，公開供大眾查閱，[14]許多非摩門教徒都在運用這些資訊；但對教會成員來說，這是完全必須抱著虔誠之心去做的事。

而且，由於摩門教徒長期以來對於什麼東西可以吃進肚子裡，有一套相當嚴格的戒律（很多人不喝含咖啡因的東西，大多數人會避開酒精類，非法藥物更是不能碰），所以在爬梳釐清遺傳、表觀遺傳及環境問題對他們的生活有些什麼影響時，需要處理的複雜因素會比一般人少一些。當然，如果你想給自己的手足、兒女及後代子孫更好的機會，讓他們獲得了解自身基因體所需的重要資訊，並從而爲個人健康找到更好的出路，你並不需要變成一個摩門教徒。你所能提供的最好禮物，就是一份詳盡的家族系譜歷史，從你所知自己父母的健康情形開始，一路追溯到整個家族樹中你所能到達的最遠之處。

這份家族史盡可能愈詳盡愈好，因爲你永遠不知道哪些看似無關緊要的細節，例如某一代的某人對某種特定藥物特別敏感等，可能會引出一大串有用的家族醫療資訊來。所以，不管是透過詳盡的家族史，還是直接接受基因檢測，只要能對自己的遺傳情況多了解一些，這些資訊就能成爲重要提示，提醒你自己有多麼獨特。

這些提示會告訴你，現在已經是時候了，你應該要脫離屬於懵然未覺的人群，開始詢問自己這些問題：哪些藥物及劑量對我的基因型（genotype）才是最好的？我該如何避免預防悖論的情況發生？我要採用什麼樣的營養策略與生活方式策略，才能滿足基因的最佳需求？還有，我從有五千年歷史的義大利木乃伊身上，學到哪些與遺傳生活有關的課題？

你可能沒有辦法馬上找出這些關鍵問題的所有答案，不過藉著問自己這些問題，你將更能了解一些最重要的遺傳特質；正是這些特質，讓你在這世上成爲獨一無二的原創個體。

7 左邊？右邊？選邊站

那頭「憤怒公牛」不中用了，他已經算是被逐出場，放生到草原上了——他們是這麼說的。重點在於，說這話的不只是評論家，雖然的確有很多評論家這樣批評過他，但這次主要是他的衝浪同伴說的。他們知道衝浪好手馬克．奧卡路波（Mark Occhilupo）早已過了他的個人巔峰期，他們知道那些藥物遲早會讓他付出代價，他們看得到馬克的腰圍愈來愈粗，讓他愈來愈落後於其他當代的頂尖衝浪者。

一九九二年，一切達到爆炸性的最高點。在法國東南部著名的奧瑟戈爾海灘（Hossegor Beach）所舉辦的世界職業衝浪大賽中，根據報導，以暱稱「奧奇」（Occy）知名於世的這名男子企圖推倒評審的棚子，拿起衝浪板砸向對手，甚至抓了把海灘的沙子吞下肚，宣布他要一路游回澳洲。[1]

這個自視甚高、神氣活現的澳洲佬，之前從來不曾贏得世界冠軍。而且，在奧卡路波放棄當年這場職業衝浪協會冠軍巡迴賽事後，看來他這輩子大概也和冠軍無緣了。然而，退出鎂光燈圈的奧奇，卻開始慢慢將生活導回正軌。他不再酗酒，也恢復了身材，還發誓再也不吃炸雞——長久以來，這一直是他的主食。他再次回去衝浪，這次純粹爲了樂趣與健身，不再是爲了名氣與財富。

到了一九九九年，奧卡路波一路穩紮穩打，越過一波又一波的浪頭，贏得一次又一次的比賽，終於登上職業衝浪世界巡迴賽冠軍寶座。當年，他三十三歲，是有史以來年紀最大的冠軍。數年後，奧奇依舊表現亮眼。即使在他再次退出後——這次的氣氛可比第一次平和多了，這頭憤怒公牛其實仍然渴望重登世界巡迴賽舞台，再下一城。就是在那段時期，在夏威夷歐胡島（Oahu）某個美得叫人驚歎的早晨，我目睹奧卡路波一頭潛入驚濤駭浪中，沒多久，又從滿是泡沫的浪峰上冒出來，但竭盡全力後仍落入波谷，爲我們其他人增添一段茶餘飯後的笑談材料。

我不是職業衝浪選手，但是看著奧卡路波展現熟練的衝浪英姿，有件事對我而言再明顯不過：他是個「高飛」（goofy）。左撇子在英文中還有許多別稱，像是「southpaw」、「mollydooker」、「corky dobber」，科學家仍然常常稱呼左撇子的人爲「sinister」，這個字在拉丁文裡本來只是「左邊」之意，後來又衍生出「邪惡」的意思。[2]

想知道天生左撇子就醫學方面而言有什麼特別意義？你可能會大吃一驚。科學家發現，左撇子婦女罹患停經前乳癌的機率，是右撇子的兩倍以上。有些研究者相信，這種結果可能與她們還在子宮的時期曾經暴露於某些化學物質之下有關。這種情形會影響基因，不但讓人成爲左撇子，同時也讓人更容易罹患癌症，[3]這算是開創了後天改變先天的另一種可能性。

提到手、腳，甚至眼睛方面的功能，大多數人都是右邊占優勢。你可能會認爲，慣用腳和慣用手應該是同一邊，但事實證明，慣用右手的人不見得右腳比較強，而左撇子出現手腳優勢側不相同的情況更是常見。也就是說，許多人都不是協調一致的。

在各種板類運動中，「高飛」（goofy）之類的術語，是用來形容哪隻腳站在板子的後方，也就是轉向控制是由哪隻腳主導的情況。奧奇是用左腳站在後方，所以他是「高飛」，而右腳在後則稱爲「一般」（regular）。

已經有多到驚人的理論，用來解釋爲何有些人的用腳方式是「高飛腳」，但一般都認爲「高飛」這個詞，源自一段八分鐘長的迪士尼動畫短片，片名爲《夏威夷假期》（*Hawaiian Holiday*），於一九三七年在戲院首映。這齣彩色卡通的卡司，就是常見的那幾位明星：米奇、米妮、布魯托、唐老鴨，當然也包括高飛狗。當這群夥伴到夏威夷度假時，高飛一直在嘗試衝浪，等到他總算抓住浪頭，在短暫的一瞬間乘著浪峰衝回岸上時，他是用右腳在前、左腳在後的姿勢站在衝浪板上的。[4]

如果你想在踏上海灘之前，就先釐清自己是不是「高飛腳」，請想像自己站在樓梯底端，正打算爬上樓梯，你會先抬起哪隻腳？如果你先抬起的是想像中的左腳，那麼你大概就是高飛足俱樂部的成員。如果你發現自己並不是高飛，那麼你就和大多數人是同一國的。

孕期環境使然？還是基因決定？

爲什麼我們天生是左撇子、右撇子或高飛腳呢？一般認爲，這和我們大腦形成早期的一個重要階段有關。最普遍的一種解釋是「偏側化」（lateralization），意思是大腦兩側各自演變爲負責特化的功能，這種分工現象能讓我們同時執行多種錯綜複雜的任務。你工作時會同時吹口哨嗎？你的同事可以把這點歸功給大腦了不起的偏側化結果。你可以一邊講電話一邊開車嗎？這也是拜大腦偏側化之賜。[5]

爲什麼人類以右撇子居多？對我們這個物種來說，平日最重要的任務之一就是溝通，這項功能一般由大腦左側處理。有些科學家認爲，這正是我們之所以多半爲右側占優勢的緣故，因爲你可能也聽說過：左腦通常負責控制身體右側的肌肉（因此，若是左腦中風，比較可能會導致右側手腳變得不靈光。）

那麼，如果你是「高飛」的話，爲什麼又會需要小心一點呢？這個問題經常有人提出來詢問阿瑪・克拉爾（Amar Klar），他是美國國家癌症研究所基因調控及染色體生物學實驗室（Gene Regulation and Chromosome Biology Laboratory, National Cancer Institute）的資深研究員，對於慣用手的基因學基礎發生興趣已經超過十年以上的時間。

克拉爾是慣用手直接源自基因之理論的擁護者，而且他們甚至認爲，這只是源於單一個基因——迄今爲止，我們在爬梳人類基因體的過程中，這個發現不知怎地一直被遺漏了。克拉爾團隊用來支持此項理論的顯隱性性狀預測模型，應該會讓孟德爾引以爲傲，這個模型甚至可以解釋爲何同卵雙胞胎的慣用手不見得會一樣。這點本來似乎可以在基因遺傳上引發爭議，但克拉爾和其他幾位深孚衆望的遺傳學家提出的說法，是這種理論上的基因帶有兩個等位基因（allele），包括一個會造成右撇子的顯性基因，以及一個隱性基因。遺傳到兩個隱性基因的人，有各一半的機會變成右撇子或左撇子。克拉爾已經花了十年以上的功夫，找尋這種捉摸不定的基因，雖然至今還未找到，但他仍然抱著希望。

除了這種全然仰賴遺傳原因的想法外，還有另一種不同的思考方式，認爲左撇子個體的形成，是因爲在發育或分娩的過程中神經系統遭受侵擾或損傷，所以影響到大腦的「接線」方式。如果想要爲這種「侵擾理論」列舉證據，有些人會指出某些研究發現早產兒和左撇子的相關性特別高。例如，瑞典的一項整合分析（meta-analysis）[6]便發現，早產兒中左撇子的機率幾乎是一般人的兩倍。[7]

追溯慣用手背後的生物學基礎究竟是源自遺傳，還是因爲曾經暴露在某種環境中，亦或兩者兼有，對我們的意義絕對不只是更了解孩子在打棒球時，到底該安排他們站在左邊或右邊的打擊位置。我們需要進一步了解這方面的知識，是因為左撇子罹患某些問題的機率比較高，這些問題包括閱讀障礙、精神分裂、注意力不足過動症（ＡＤＨＤ）、某些情緒障礙，甚至還有我們之前討論過的癌症。[8]事實上，把慣用手這項因素加進去一起考慮後，讓丹麥的研究人員更能夠確認，哪些在八歲時有ＡＤＨＤ症狀的孩子（讓我們面對這個事實：幾乎所有這個年紀的孩子多少都有點難以管教），到十六歲時可能仍然脫離不了這個問題。[9]

和慣用手的起源至今仍撲朔迷離的情況不大一樣，我們對人體發育過程中解剖構造規劃背後的遺傳原因，反而有比較深入的了解；也就是說，我們明白基因為何努力工作，以確保我們的心臟和脾臟最後會長在左邊，肝臟則是長在右邊。這種遺傳方面的了解，有助於我們回答下列問題。

人體內微妙的平衡

哪邊掌管什麼，真的很重要嗎？如果你曾經體驗過標示「冷水」的水龍頭卻流出熱水，那你就算是經歷過「錯邊」帶來的苦痛了。當我們的身體運作不符合原有的標記或預期，情況可能會變得很危險，至少是表現得很「高飛」——呆頭呆腦的。

想真正了解基因如何幫助你的身體選邊站，我們需要先回到你的生命歷程初始時，在你還是一個待在母親子宮裡的胚胎時。人類胚胎的發育是朝著三維的立體方向發展，整個成長過程務必維持一種微妙精緻的平衡狀態，以確保未來身體的比例不會走樣。

「不平衡」這件事的趣味，就在於要讓一切陷入混亂，並不需要出一大堆錯。如果生物學上有一點小小的偏頗，也許對生命還沒有什麼大的影響，但只要偏差再多那麼一點點，就有可能導致事情嚴重扭曲，而且快到教人措手不及。如果你曾經坐過很小的船，例如在露營時駕過輕艇，那你應該明白我說的是怎麼一回事。如果大家都坐著，以完美的協調度划槳，這種輕艇會以令人難以置信的穩定方式在水面滑行，但只要有一個人在錯誤的時間站起來，整艘小艇馬上就會翻覆。

我站在歐胡島北岸時，腦袋裡想的就是這回事。當時，我正看著一道桶浪浪峰朝著左方急行而去，奧卡路波從中猛然穿出，接著俐落迅速地切了回去，始終保持比浪頭潰決處領先一步的距離。他駕馭海浪之熟練，有如日本鐵板燒廚師切割鐵板上滋滋作響的雞胸肉那樣揮灑自如。奧卡路波是衝浪藝術的大師，但若不是早在一九三〇年代有另一件事發生的話，恐怕就算是他，也達不到今日的衝浪成就。

如果你看過《夏威夷假期》那部卡通片，你可能會注意到高飛的衝浪板看起來有點像燙衣板，就是一塊平坦的長形板子，有一端逐漸變尖，底部什麼東西都沒有。那是因爲高飛的板子還沒有遇到那位名叫湯姆·布萊克（Tom Blake）的傢伙，他是衝浪板的發明家及製造者，在那部動畫問世前幾年才剛把尾鰭（skeg）介紹給衝浪界，這個裝在衝浪板下方的鰭狀物，可以幫助維持平衡，並且提供更佳的操控性。據說，布萊克的第一個這種衝浪板的原型，其實是被浪花打上岸的一艘摩托快艇的部分龍骨。

起初，沒有人真正了解衝浪板下面加了這樣的附屬物有什麼好處，但是在十年之內，幾乎世界上所有的衝浪板都裝上了一個或多個尾鰭。[10]不過，衝浪和基因及我們本身的發育有什麼關係？我們人類本身沒有尾鰭，但有一個類似構造就編碼在我們的基因深處，它對我們的生長發育有絕對不可或缺的重要性，可以建立適當的環境，讓正確的基因在正確的時間表現。你可能從來沒聽說過這個東西，它們叫做「節點纖毛」（nodal cilia），會在胚胎發育過程中出現——那時我們還在母親的子宮裡，形狀看起來多少有點像是一片壓扁的口香糖。就在一個極其重要的關頭，節點纖毛會從我們未來的頭部位置突出來，猶如小小的蛋白質天線。

就像尾鰭有破浪作用，可以幫助衝浪者在水上操控衝浪板一樣，我們的纖毛對於推動（在某些情況下還包括感測）圍繞在發育中胚胎周遭的液體，以及生成必要的化學濃度梯度方面，可謂至關緊要。纖毛雖然構造簡單，但就這部分而言卻不可或缺：它會讓周圍的液體朝特定方向流動，在胚胎旁形成漩渦，如此讓液體中漂浮的蛋白質數量依正確的順序變動，藉此指揮你的身體透過基因表現，在正確的時間發育生長。

我們在發育中的胚胎，會運用編碼在基因中的蛋白質訊號，來確認肝臟會長在未來身體的右側，而脾臟則長在左側。在人類體內這場雙側爭奪器官大戰中，相關基因會爲了爭取偏側化王國的霸權而大打出手。這些基因上的編碼，可以生成命名相當貼切的一些蛋白質，像是左撇子二號（Lefty2）、音蝟（Sonic Hedgehog）、節點（Nodal）等。如果纖毛由於基因改變而運作不順利，我們的發育平衡就有可能完全扭曲。此時的情況，就像衝浪者的衝浪板尾鰭因爲近海暗礁或意外的湧浪而折斷一樣，舉止失常的纖毛可以造成沖刷胚胎而過的蛋白質數量變得不平衡。

如果有比平常數量更多的音蝟流過胚胎原本的那一側，打個比方來說，你的脾臟就會被它「吃掉」，讓你一生下來就沒有脾臟。另一位搗亂的能力也不會輸給音蝟，要是左撇子二號這種蛋白質不好好工作，你可能就會有一個以上的脾臟，稱爲「多脾症」（polysplenia）。迷迷糊糊的纖毛也會讓我們的器官陷入錯亂，若是纖毛造成的漩渦轉向相反，我們身上的一些重要器官最後就有可能會長在完全相反的另一邊，例如心臟長在右邊、肝臟長在左邊、脾臟長在右邊等。

這些變化絕對不是良性的，如果內臟的適當配置在發育過程中迷失方向，幾乎會影響所有的部位，從血管的鋪設到神經系統的接線，通通都會出問題。而且，這些解剖學和神經學上的結構一旦定形就難以更改，通常是根本就沒有辦法更改。所以，這就是爲什麼婦產科醫生會再三強調在妊娠期間不要飲酒，主要是因爲沒有人確切知道，到底在懷孕期間接觸到多少酒精還算是安全的。但我們當然也知道有些孕婦在懷孕期間飲酒，一樣生出實際看起來毫無問題的寶寶。

爲什麼會有這樣的差異？因爲我們每個人在遺傳上都是不同的個體，尤其牽涉到酒精代謝方面，看起來似乎特別如此。酒精對胎兒的影響，可以輕微到只有些微毒性，也可以強到令人難以置信，宛如直接吞下毒物的程度，一切取決於母親遺傳到什麼樣的基因，以及她和伴侶把什麼樣的基因傳承給小寶寶。[11]有鑑於孩子的整個發育過程的不確定性，依我之見，最佳良策就是在懷孕期間乾脆滴酒不沾。

而且，這項建議可能對任何可疑物質都適用，包括孕婦會吃進肚子裡的不健康食物在內；不過，酒精類格外重要，特別需要注意，尤其是在胎兒發育的初期。我們可以這麼說：讓纖毛保持清醒不醉，是與生命攸關的重要大事。就某種程度而言，纖毛有點像是發育樂團的基因指揮，如果你看過指揮大師工作，就會明白想要指揮好一首交響樂曲，連在清醒的時候都不見得很容易，如果喝醉怎麼會有辦法做好呢？這就是爲什麼研究者發現，母親在妊娠期間過度飲酒，生下的孩子可能會有很多偏側化不順利的相關問題，包括右耳聽力受損、對語言的理解能力不佳等，而這兩項功能一般而言都是由左腦處理的。[12]

基因指揮發育樂團演奏出來的，是充滿美好和聲、旋律與節奏的壯麗樂章；機能失常的纖毛指揮出來的，比較會讓人聯想到日本作曲家武滿徹的作品，通常都是不和諧的樂段，會讓人想要好好思量研究，但可能很難理解。這就是所謂的「纖毛病」（ciliopathy）帶來的挑戰，這種遺傳性疾病是因爲纖毛未能執行正常功能而引起的。

想要了解纖毛病，先了解纖毛本身及其背後的遺傳學是很重要的。爲了做到這一點，首先必須知道纖毛無所不在——眞的到處都有纖毛存在。雖然你可能從來沒有聽說過它們，但是打從你還沒出生之前，它們就一直在照顧你，時刻爲你的幸福著想。它們就像另一種形式的觸覺器官，你的一些細胞甚至會運用纖毛去感覺它們那個微觀世界的狀況。談到用觸覺去感受周遭世界的運行有多麼重要，接下來還有一些更吸引人的例子。

看不見但極其重要的存在

美國雕塑家麥可．納蘭霍（Michael Naranjo）二十二歲在越南服役時，在一場手榴彈襲擊中喪失了視力，右手也失去功能。納蘭霍成長於新墨西哥州的一個藝術家家庭，當他在日本一家醫院接受治療時，他詢問護士能不能找一小塊黏土給他，幾天後護士滿足了他的這個要求，自此納蘭霍展開了他的藝術之旅，這趟旅程帶著他走遍了全世界。[13]多年之後，他甚至受邀到義大利的佛羅倫斯學院美術館，那裡已經搭好一座特殊的鷹架，好讓他可以用手「觸摸」米開朗基羅的大衛像，這是納蘭霍「看」東西的方式。

我們的細胞也和這位了不起的藝術家一樣，其實是看不見東西的，它們是透過根據遺傳編碼而生成的纖毛去感測周遭的世界。儘管纖毛對我們的生命具有如此根本上的重要性，但由於它們小到只有用顯微鏡才看得到，大多數人根本不會多瞧它們一眼。但它們個頭雖小，造成的影響卻大得很。纖毛對我們生命的影響開始得很早，甚至比纖毛開始運作，翻攪及感測胚胎周圍的液體，幫助我們成爲自己這個模樣還要早；這是因爲纖毛在受孕過程同樣扮演不可或缺的角色。

首先，精子的尾巴就是一種變化版的纖毛，稱爲「鞭毛」（flagellum）。如果鞭毛揮動的方式不對，就沒有辦法正確游動；如果它無法正確游動，就到不了該去的地方。此時，在這個作用過程的另一端，輸卵管的入口處也有很多纖毛，它們在排卵的時候會揮動得更厲害，好製造強勁的水流迎接來自卵巢的卵子。

我們的肺臟也大大仰賴纖毛讓運作有條不紊，這點對於幫助氧氣從外界進入我們身體是很重要的因素。就像演唱會中的狂熱觀衆會玩人體衝浪，伸長手臂把人運過重重人海一樣，我們的纖毛也是用這種方式把黏液、灰塵、微生物從我們的肺部清出去。然而，即便是在最好的情況下，這也是一件很不容易的任務，如果我們還抽菸，或是吸入對纖毛產生不利影響的化學物質，就會讓這項工作變得格外困難。每次你一聽到抽菸者的咳嗽聲，都應該要好好感謝我們的纖毛，因爲如果這些由基因驅動的小傢伙沒有做好它們的工作，我們全都會發出像那樣子的聲音。

但你不必成爲癮君子，也可以讓這個過程運作失控。你唯一需要的，就是遺傳到特定的基因突變，例如 DNAI1 和 DNAH5，它們都會導致纖毛無法正常運作。因爲這些基因突變而引發的遺傳性疾病，稱爲「原發性纖毛運動障礙」（primary ciliary dyskinesia），簡稱 PCD。雖然我們對纖毛了解的愈來愈多，但它們大部分的功能對我們而言仍然曖昧不明；若是它們無法順利運作，我們肺臟的肌肉及彈性組織最後都會停擺，導致呼吸困難，並使得鼻竇腫脹，阻礙鼻腔引流。所有這些涉及纖毛的遺傳性疾病所帶來的症狀，或多或少都是因爲沒有得到訊息來指揮它們照原本應有的方式揮動。

有些有 PCD 問題的人，可能也會有「器官轉位」（situs inversus）的現象。別的不談，這種情形至少可以爲資深醫師提供一個很棒的機會，讓他們能夠好好作弄年輕醫師一番。我自己就曾經歷過一次這種專整菜鳥的儀式，那時我還是醫科學生，在某次由資深醫師監督進行的身體檢查過程中，其中一位指導醫師要我「敲打出肝臟」，這是醫生已經運用了數百年的叩診技術，用來估計這個重要維生器官的大小——即使在已有超音波科技的現在，這仍是一定要知道的關鍵訊息。但是，在我開始叩診之前，那位資深醫師「順便」忘了提到這位特別的病人有器官轉位的問題，這表示她所有的主要器官都長在跟一般正常人相反的那一側。

「莫艾倫，是有什麼問題嗎？」那位醫生這麼問我，我正笨拙地在病人腹部到處摸索，拚命急著重複我在學習檢查方法時早在朋友、家人和患者身上試過多次的技巧。

「這個……我……呃……」

「快點，小夥子，趕快敲出個結果來呀！」

「我正在……我的意思是……它好像……呃……」

那一刻，我根本慌了手腳，完全沒有注意到病人——她也參與了這場惡作劇——正拚命忍住笑意。最後，她終於忍不住了，開始歇斯底里地哈哈大笑了起來。起初，我還以爲這個徵兆表示我在尋找似乎不存在的肝臟時，不小心對她的肚子造成搔癢效果；一直到整個房間裡的人都開始大笑，我才意識到原來自己才是這場玩笑的笑點。

如今，回首往事，我可以很肯定地說：雖然當時相當尷尬，但是這場特別的惡作劇，是我接受醫學教育的過程中所獲得的最具啓發性的教訓之一。這件事情教導我在檢查病人之前，永遠都要先花點時間清除心中原有的任何假設。

把一個醫生的頭腦轉變爲醫學上的純淨白紙並非易事，畢竟很多事我們老早就習以爲常，覺得理所當然，尤其是那些涵蓋於我們醫學訓練中的部分，讓我們對人體解剖學與生理學原本就有一些臨床上的假設。這件事在我成爲更忙碌的醫生後愈發困難，但它同時也變得更加重要，因爲當我們愈接近眞正的個人化醫學，能否超越以前的假設，也變成更具決定性的關鍵。

不過，還是有一些事情，我們相信對每個人來說都是正確的。就我們的健康而言，纖毛背後的遺傳學之重要性絕對不容置疑。纖毛擔負的任務，不只是幫助胚胎決定在哪裡形成內臟器官，它們還參與了腎臟、肝臟，甚至眼睛視網膜的正常內部結構形成過程。[14]就像納蘭霍用手撫摸過整塊大理石那樣，變化版本的纖毛甚至有助於促進正常骨骼形成，因爲它們可以幫助細胞在三維空間中爲自己定位。

事實證明，纖毛在我們全身上下幾乎所有地方都扮演極重要的角色，但基本上至今它們仍是人體中最少獲得研究的結構之一。如果基因沒有給我們能夠正常運作的纖毛，我們就不會有偏側化現象；沒有偏側化現象，我們的內臟和大腦就無法正常形成。這就是爲何據我們所知，偏側化隸屬生命的核心要務。正如我們即將看到的，偏側化或片面化（sidedness）在遺傳上的影響之深難以言喻，有些影響眞的可以稱得上是到了「妙不可言」的境界。

各得其所，均衡發展

有時候，我們非得選邊站不可。幾年前，我準備越過建在泰國與寮國之間當作邊界過境點的橋梁時，就親眼目睹現實世界裡一個滑稽的例子。泰國人開車靠左行駛，寮國人開車靠右行駛，那天早上過境點一開放，現場頓時呈現一片混亂，笑鬧聲四起，因爲所有駕駛都在努力搞懂自己過橋時到底該開哪一邊。

這種情形和我們身體內部深處的情況很類似，如果沒有選好該站哪一邊，我們很快就會迷失在分子世界中，陷入發育的混沌迷宮裡。正因爲如此，幾乎人體的一切都是建立在這種早已指定靠左或靠右的方式上。然而，不管世上那些「右撇子」要你相信哪些事情，我們的內在生化世界卻似乎偏愛所謂的「左撇子」形式分子配置。

以二十種不同的胺基酸爲例，這些胺基酸可以攜手合作，打造出數百萬種相異的蛋白質組合。就極爲基本的層面來說，我們的身體正是把胺基酸當作建築材料，像積木一般堆疊出身體外形並賦予功能。胺基酸串連起來的特定順序，是由從基因翻譯而來的訊息指定。只要DNA中有一個字母改變了，就會改變用來製造蛋白質的胺基酸種類，如此可能會完全改變這個蛋白質的工作能力。不用說，這點自然讓胺基酸和它們的排列順序變得極端重要。

除了甘胺酸（glycine）之外，其他胺基酸都是手性（chiral）的，意思就是說我們可以有右手性或左手性的胺基酸。事實上，當我們在實驗室裡合成胺基酸時，通常會得到等量的右手性胺基酸及左手性胺基酸。右手性胺基酸並沒有什麼問題，它們的表現當然和左手性胺基酸差不多。如果你把它們像可堆疊的椅子那樣一個個疊起來，它們也和左手性胺基酸堆疊起來一樣穩定。但是基於某種原因，這個星球上的生物學，就是比較喜歡左手性的東西。

如果你覺得這一切聽起來怎麼開始有點虛無縹緲的感覺，那就對了。接下來要談的這個理論，是由美國國家航空暨太空總署（NASA）的科學家提出的，確實充滿了異世界風味。美國航太總署的科學家獲得幾片隕石碎片，這些碎片是在二〇〇〇年掉進加拿大西北部的塔吉什湖（Tagish Lake）裡，他們把這些碎片樣本和熱水混合，將隕石內所含的分子一點一滴分離出來。他們用的技術叫做「液相層析質譜法」(liquid-chromatography mass spectrometry),這是一種常見的實驗室程序,用來從諸多混雜分子中分離出單種分子。結果眞是驚人,他們居然發現了胺基酸!

不過,這幾位航太總署的老兄也不會過度樂觀,他們繼續研究,開始把裡面包含的左手性胺基酸和右手性胺基酸區分開來,發現左手性胺基酸顯然比右手性胺基酸多得多。[15] 如果此研究證明屬實,那麼這個結果等於暗示,地球上這種左手性居多的胺基酸,有可能來自很遠很遠的其他銀河系;此外,這也可能代表我們這個宇宙的小角落本身就有點偏左。

最後,我要再告訴你一個營養補充品產業寧願你不知道的最大祕密,那就是有些你買回來吃進肚子裡的維生素,其實爲你帶來的傷害勝過好處,而這一切都要歸罪於手性。維生素E就是一個好例子,你可能知道它是一種重要的抗氧化劑;回到一九二二年,當初我們稱它爲「生育酚」(tocopherol),這個英文單字來自希臘文,意思是「帶來孩子」,因爲我們那時對它唯一所知道的,就是缺乏這種維生素會造成大鼠不孕。

我們發現,維生素E存在於日常所吃的各種食物中,包括綠葉蔬菜。沒錯,它是一種保護劑,可以保護細胞膜不受化學物質氧化作用的猛烈攻擊,有點像是車輛底面所做的防鏽處理,可以保護你的愛車底部不受天氣及路面上灑的鹽侵襲。不過,它的功能不只如此,我們也已得知維生素E可以大幅改變某些基因的表現,包括那些與細胞分裂有關的基因;而細胞分裂這回事，每天都得在我們體內進行數百萬次，才能好好維持我們的生命。[16]

那些補充品裡所含的維生素E是從哪裡來的呢？其實，維生素E和其他大多數如今市面上買得到的補充品一樣，都是在化學工廠以人工合成製造出來的。在補充品裡找得到的維生素E形式通常是α—生育酚，它本身就有八種不同的形式，稱爲「立體異構物」（stereoisomer）；但是其中只有一種，可以在我們平時吃的自然食物中找到，而且這幾十年來，我們已經知道體內γ—生育酚（從自然食物得來）的濃度，會因爲攝取高劑量的α—生育酚而降低。[17]換句話說，那些人工合成的膠囊產品，會把自然界普遍存在的維生素E抵消掉。

有鑑於此，我要建議你跳過那些小膠囊和卡通人物形狀的藥錠，直接吃富含維生素E的食物，例如某些堅果、杏仁、菠菜、芋頭等。事實證明，我們究竟需要哪一種維生素E，大自然往往是最好的裁決者。從適當膳食中獲得維生素，對我們還有另一種好處，這樣我們攝取維生素時就不容易吃過量或是吃錯。

而且，到這裡我應該已經不需要再特別提及：你個人特有的基因型，可能會顯著影響你代謝某種維生素的能力。事實上，最近有項研究甚至確認出三種不同的基因變異，可以影響人體對維生素E補充品的反應。[18]然而，對我們大多數人而言，最重要的關鍵純粹就是均衡與否的問題；我們的身體、我們的生命，甚至我們這個宇宙的均衡，其實完全仰賴於不均衡的事物是否還算適量。

基因用這樣的方式幫我們選擇該靠左還是偏右，我們可以正常生活和大腦能夠正常發育，都要歸功於這個偏側化過程精心編排的均衡性。如果不是正確的基因在恰到好處的時刻啓動，恐怕我們從脾臟到指尖，裡裡外外都會陷入一團混亂。

8 人人都是X戰警

日本富士山的山頂有一台可口可樂的自動販賣機，這是我在登上日本第一高峰的那一刻，唯一留下的回憶。不幸的是，我對爬上富士山的過程倒是記得不少，我在這個日出之國的某個黃昏啓程。大多數人要花六個小時才能抵達山頂，所以對那些在夜間出發的人，一般會建議更是要多預留一些額外的時間。我就是那些在夜間出發的人之一，我選擇在晚上出發，是希望到達山頂後還會有充裕的時間，能夠好整以暇地等待觀看日出。

我年輕氣盛、身強體壯又自信滿滿，自認爲一定可以甩開衆人，把他們遺留在這座美麗巍峨高峰的火山煙塵中。我打算在途中某座擁擠的登山小木屋停下來休息一下，吃碗熱呼呼的烏龍麵，也許還可以打個小盹兒恢復精力，然後繼續前進，及時登上頂峰，爲自己創造一個驕傲而美麗的回憶。天哪，我當時一定是昏了頭才會這麼想吧！

抵達原定的休息地點，還算是比較容易的部分，但是這段路程所花的時間，比我原本預想的多了許多。我爬得愈高，邁步的速度就變得愈慢；雖然雙腿並不覺得累，但我的心卻感到疲憊。我明明很清楚自己前一晚睡了八個小時的好覺，但還是告訴自己，一定是那一覺睡得斷斷續續的關係，可能是因爲我對這個期待已久的登峰之旅太過興奮了。沒錯，我心想，一定是因爲這樣的關係。

我下定決心，一定要在破曉之前抵達山頂。我省略了原本打算要做的「居眠り」——這是日文稱呼「精力小睡」的說法，唏哩呼嚕地吞下了那碗烏龍麵，在金屬熱水瓶裡裝滿了熱騰騰的綠茶後，再度踏上登山小徑。但這座山就好像空手道高手一樣，給了我一記回馬槍，重重的一擊。

在接下來的攀登路程中，我大部分的時間都在對抗大雨。然後，下起雨夾雪，之後是冰雹。不過，天氣並不是最大的問題，還差得遠了。我的頭彷彿有什麼東西在不斷敲擊似的，我開始覺得頭暈眼花、噁心想吐，整個世界好像都在旋轉。請試著想像一下你經歷過最糟糕的宿醉，我當時的情況比那還要糟糕。我屈身退到小徑旁，沒辦法再繼續走下去，而且陷入一片茫然，不知道下一步該做些什麼。我的心智根本拒絕運作。

然後，我的救星出現了。那是一位日本老婆婆，我第一次遇見她是幾個小時前在山腳下，當時她請我扶她一下，因爲她正打算穿上一套尺寸顯然過大的惡劣天氣用登山裝。她很自豪地指著她的臀部兩邊和左膝，讓我知道她最近剛剛「升級」過，裝了不鏽鋼及鈦金屬製的人工關節。正因爲如此，我本來確信她恐怕連半山腰都上不了；老實說，由於天氣這麼惡劣，而且攀登過程如此困難，我還一直很爲她擔心。

沒想到上蒼捉弄人，我就在這裡，接受一位年近九十歲的老婆婆幫助。她拄著兩根枴杖，優雅地蹣跚登上山來，停步在我身旁，抓住我的背包，協助我再次用雙腳站起來。我很肯定，應該沒有比這更丟臉的事了——但我又錯了，接下來還有更讓我沮喪莫名、讓周遭人士驚慌走避的事，那就是我親身體驗到一個肚子脹氣的人，究竟能產出多少氣體。是的，我是一路不停放著屁登上富士山的。

以前我就聽說過「低壓缺氧」（hypobaric hypoxia），這是因爲大氣壓力降低而導致身體缺乏有效可用的氧氣，但是在那天晚上之前，我從來沒有親身經歷過這回事。我的心裡毫無準備，完全不曾意識到那些脹氣、頭暈、精神恍惚，以及疲憊不堪的情形，都只是高山症的「樂趣」之一。

但是，爲什麼這種情況會特別發生在我的身上，卻不會出現在我那位和藹可親的年邁登山夥伴身上呢？爲什麼她可以背著我和她的背包，一路說話沒完沒了，還可以在我拚命趕上她的時候，偶爾回頭露齒微笑，給我鼓勵呢？唉，事實證明，我的基因顯然讓我比大多數人對高山症更敏感一些；也就是說，我的遺傳基因不但不能在攀登富士山時推我一把，反而會奮力地扯我的後腿。要是我有多那麼一丁點兒像雪巴人就好了。

大山之子：雪巴人

幾乎每一種文明，都有關於它的人民從何而來，如何抵達如今安身之地的故事。這些故事往往起源於一趟身體力行的歷程，可能是跨越洶湧怒海的航行、橫越荒蕪沙漠的飛行，或是翻越崎嶇山脈的旅行。有很好的理由可以說明爲何如此：雖然如今我們可能會因爲語言、文化、政治之差異，造成各族群之間的隔閡，但其實人類共同的故事講的都是遷徙移動——一個尋找更青翠的牧草地、追求上天賜予之豐饒海洋的故事。在人們旅行的時候，他們的基因自然也會跟著到處跑，所以，沒錯，我們都是基因移民。

時至今日，藉著已經相當普及的基因圖譜建立技術之助，我們愈來愈有能力以科學化方式探索這些起源的故事，但是整體脈絡仍然有很多漏洞需要塡補，也還有更多故事等待我們去發掘。[1]對我來說，最引人入勝的故事之一，就是雪巴人如何出現的。據說，他們來自青藏高原的其他地區，大約在五百年前來到喜馬拉雅山區某個特定之處，因爲這裡是他們能力所及可以和一座神聖山峰最爲親近的地方，他們稱這座高峰爲「珠穆朗瑪峰」(Chomolungma)，[2]你可能知道這就是我們所謂的「聖母峰」。

在雪巴人的心目中，這座高峰是「世界之母」，住在距離它這麼近的最大問題，就是幾乎人類生存在此星球上所需要的所有物質，在這位崇高女族長的懷抱中全都付之闕如。超過一萬三千呎高度的地方有個藏族村落，叫做「潘波崎」（Pangboche），這是世界上最古老的雪巴人村莊。這個村莊的座落之處，比許多人開始感受到低壓缺氧效果的海拔高度，還要高上幾乎整整一哩。以我爲例，我在短期內絕對不會有想要造訪此地的打算。

那麼，大多數人在這樣的高度，會發生什麼樣的情況呢？對於用非常緩慢的方式來提升高度的人而言，或許只是有點頭疼、疲倦、噁心，甚至會有種欣快感。[3]然而，正如我們即將看到的，那些沒有遺傳到可在高海拔處生活之特定基因的人，可能會像我一樣爲嚴重後果所苦。不過，就算沒有可以在高海拔處舒適生活的基因構成，你還是有一些方法可行，可以花上長長一段時間慢慢習慣漸升的高度，讓你的基因體透過基因表現來幫你調節適應。

不然，你也可以服用某些藥物——有些是處方藥，其他的就不是了。據說，有些南美土著會咀嚼古柯葉，來應付和海拔高度相關的症狀。還有一些逸文軼事建議，咖啡因在高海拔地區可能會有點幫助。[4]也許，這就是爲什麼我覺得在富士山頂喝到的那罐可樂會那麼好喝的緣故，只是當時我還以爲是因爲自己花了十美元，買到「通往心曠神怡的護照」（passport to refreshment）的關係。[5]

在大多數的情況下，只要花上漫長時間待在高海拔地區，我們的基因就會開始微妙地調整自己的表現，促使腎臟細胞製造、分泌更多簡稱ＥＰＯ的紅細胞生成素（erythropoietin）。這種荷爾蒙會刺激骨髓中的細胞，要它們增加紅血球細胞的產量，同時讓已經在循環中運作的紅血球延長工作期限。在正常的情況下，我們的紅血球在血液中占了略少於一半的量，男性的紅血球含量又比女性的多一些。身體擁有的紅血球愈多，能夠吸收及運送身體存活至關重要之氧氣的能力就更高一些，因爲紅血球就像是一塊塊小小的氧氣海綿。當你所處的海拔愈高，空氣中的氧氣含量就愈小，所以就會需要更多的紅血球。我們身體的生理機能，可以識別出環境的這種變化，然後發訊號給基因，要它們改變表現來適應外界。

當你需要製造出更多EPO時，你的身體便會讓一個名字與EPO類似的基因增加表現，這個基因的作用方式是當作基因模板來生成更多的EPO。然而，你的生物生命中沒有任何東西是免費的，EPO的運作方式有點像是美國首都華盛頓特區的遊說團體，努力地說服國會成員多花一點資本，在身體獲取氧氣變得困難時增加紅血球的生產量，然後身體也確實像華府的情況一樣，如果能在某項寵物法案上增加資金，通常都是以犧牲另一項法案的經費爲代價。畢竟，生物貨幣和鈔票的差異其實並不是那麼大，而且它們也像所有形式的資本支出一樣，總是會有一些事先無法預料的成本。

在這種EPO藉著耗費基因成本而增加的情況下——這會讓你擁有更多的紅血球，另一方面造成的生物成本，就是你的血液會變得更濃稠，就像高黏度機油那樣，因此你的血液通過全身各系統的速度會變得比較慢，這當然將導致血液產生凝塊的可能性提高。只要血液不要變得太濃且時間不要持續太久，經由基因作用多產生一些額外的EPO，正好可以配合身體需求而增加氧氣流量。缺氧會讓你感覺昏昏欲睡，而多出來的氧氣則能提供身體利用及消耗更多能量的能力，這就是爲什麼人工合成的ＥＰＯ對腎功能衰竭的病人會是一份很好的禮物，因爲他們無法自己製造足夠的ＥＰＯ，最後總是會出現貧血的問題。

天生具備壓倒性的優勢，算是公平競賽嗎？

前述這項原因，也是人工合成的ＥＰＯ爲何會受到不少職業耐力運動界人士喜愛的緣故，至少在檢測方法研發出來之前眞的是如此。那些自己承認或是被抓到違法使用合成ＥＰＯ的人，包括環法自行車賽七次冠軍的藍斯．阿姆斯壯（Lance Armstrong）、同樣是自行車賽冠軍的大衛．米勒（David Millar），還有鐵人三項選手妮娜．卡夫特（Nina Kraft）。

當然，並不是每個人都需要使用合成的ＥＰＯ來獲得一點競爭優勢。以艾羅．安特羅．門帝蘭塔（Eero Antero Mäntyranta）爲例，這位傳奇的越野滑雪運動員，在一九六〇年代爲芬蘭贏得七面奧運獎牌。門帝蘭塔患有一種遺傳性疾病，稱爲「原發性家族性及先天性紅血球增生症」（primary familial and congenital polycythemia, ＰＦＣＰ），生來就有比常人更高濃度的紅血球在動靜脈中循環流動，因此在有氧運動賽事方面具有天生的遺傳優勢。

討論至此，出現了一個問題：如果有些人擁有某種天生的遺傳優勢，例如血液有額外的攜氧能力，那麼其他人盡力想讓自己達到同樣的程度，難道也算是不公平的做法嗎？但我必須澄清一下，我絕對不是主張使用禁藥，只是當我們對基因遺傳如何影響生活了解更多之後，可能就得面對有些人相當於從一開始就已經在使用「基因禁藥」的事實。

不過，如果只是把門帝蘭塔在奧運上的成功表現，貶抑爲歸功於他碰巧遺傳到的基因，那也是很荒謬的一件事。即使在生物學方面得天獨厚的運動員，想要站上國際層面與人競爭，同樣需要接受最大程度的極致訓練。但話又說回來，NBA傳奇巨星俠克．歐尼爾（Shaquille O'Neal）有二一六公分高的魁梧體格，奧運游泳冠軍邁可．菲爾普斯（Michael Phelps）有超長臂幅及超大腳丫，如果我們要假裝門帝蘭塔獨特的基因遺傳在他的成功之路上並非因素之一，那又實在是太天眞了。

基於人類體型大小差異甚巨，摔角選手及拳擊選手比賽時，長久以來都是以體重分級。改裝車競賽的參賽車之所以能夠彼此競爭，也是建立在所有車子大致以相同規格建造的系統上。當然，男性和女性在職業運動賽事上，幾乎都是分開比賽的，因爲成年男性天生在身高、體重及力量上，比成年女性占優勢。前述這些有時顯得有點專斷的方式，都是用來盡可能維持公平競爭的辦法，所以你還覺得有朝一日我們的競爭也會進行到遺傳層次，是難以想像的一回事嗎？

順道一提，門帝蘭塔那種相當於心血管渦輪增壓器的基因遺傳，其實只是因爲他的DNA有一個字母產生改變。這個變異所在的基因是作爲某種蛋白質的模板，這種蛋白質是

EPO的受體。在一個稱爲EPOR基因之核苷酸的六〇〇二號位置處，本來應該是個G（鳥嘌呤），但門帝蘭塔和他的家族中大約三十名成員的這個位置卻是一個A（腺嘌呤）。這個變異只占門帝蘭塔整個基因體的〇．〇〇〇〇〇〇〇三％，但已經足夠讓EPOR基因製造出對EPO極其敏感的蛋白質，最後導致生成超量的紅血球。沒錯，在幾十億個字母中不過是一個字母產生變異，就足以讓EPOR基因做出相對應的蛋白質，使得門帝蘭塔的血液攜氧能力比常人高出五〇％。[6]

我們所有人的基因體上，都帶有這些小小單個字母或核苷酸的變異；人與人之間的親屬關係愈近，基因體就愈相似。我們現在已經知道，基因體的編碼可作爲模板，指揮我們的身體如何組合在一起。基因體愈相似——例如同卵雙胞胎——外表就愈相像。如果你覺得自己長得跟兄弟姊妹都不像，這並不代表你和他們沒有親屬關係，可能只是因爲你從父親及母親那裡，分別遺傳到與自己手足不相同且獨一無二的基因組合。前文提過，你的祖先經歷過的事情，也會塑造你遺傳到的東西。正如我們在第五章看到的乳糖不耐症，如果你的祖先並沒有豢養動物以食用乳汁，那麼你就有可能在遺傳上運氣不佳，成年後無法享受大啖冰淇淋之樂。我們人類還有很多適應結果尚未進行完畢。

物競天擇，代代相傳

把話題再轉回到雪巴人的身上，他們擁有獨特的基因遺傳，而且一方面基於文化上的自豪，另一方面又基於經濟上的需要，所以開始承接起這類可說是危險負擔的工作，幫助來自世界各地的登山客爬上世界最高峰——高度八八四八公尺，這裡的山峰只比大多數大型商用客機飛行的海拔高度稍微低一點。在這些教人嘖嘖稱奇的雪巴人中，有位不愛出風頭的謙遜男子，名叫阿帕・雪巴（Apa Sherpa），他在二〇一三年與他人共享登頂聖母峰次數最多的世界紀錄保持者頭銜，其中有四次他是在完全未借助補充氧氣的情況下登頂。在阿帕還是個孩子的時候，他從來沒有打算要爬上這座高山，但後來他發覺自己在這方面相當擅長，便開始靠這個方式賺錢養家。[7]

這座山的最高頂峰，在一九五三年之前完全沒有人類足跡，阿帕究竟有什麼過人之處，能在攀登這座山方面有這麼好的表現呢？或是說，爲什麼這些雪巴人能夠適應得這麼好，在海拔這麼高的環境下生活呢？答案你可能已經猜到了，就是在這個種族族群中，有些成員遺傳到一個非常小的基因變異，卻足以導致他們的生活產生重大變革。在雪巴人的案例中，這個變異出現在叫做 EPAS1 的基因上，但結果並不是產生更多的紅血球，反而是讓雪巴人產生較少的紅血球，對 EPO 的生物學反應甚至顯得有些遲鈍。

在我跟你提過偉大的門帝蘭塔，以及與他的基因遺傳相關的一切事情之後，前述這點一開始看起來似乎顯得很不合理。雪巴人之所以如此適合在那種大氣環境下生活，難道不是因爲他們天生血液就濃稠得像蜜一樣，裡面滿滿的都是吸飽氧氣的紅血球嗎？嗯……前面講的那些當然也是對的，但只是暫時的情況而已，別忘了我們說過，濃稠的血液雖然在短時間內很有效，也同樣會帶來危險，如果持續太久，有可能導致毀滅性中風的機率提高。雪巴人並不是偶爾才造訪喜馬拉雅高原，他們根本就住在那裡，所以他們並非只是在參加滑雪或自行車競賽時需要含氧量豐富的血液，他們無時無刻都需要這樣的血液。

雪巴人獨特的 EPAS1 基因配置，爲他們帶來的，不是因爲氧氣量減少而不斷上升的紅血球濃度，而是一種長時間的穩定狀態，也就是一種即使周遭大氣環境惡劣，仍然能夠把足量氧氣輸送到全身的能力。就獨特的基因族群而言，雪巴人算是相當年輕的例子，根據其背景來看，他們遷徙到珠穆朗瑪峰的時間，差不多就是哥倫布（Christopher Columbus）準備啓航，最後抵達現在所謂北美洲的那個時期。

事實上，雪巴人特有的 EPAS1 基因突變可能是個天擇的好例子，有些研究人員相信，他們也許正是人類演化自有紀錄以來速度最快的一個案例。換句話說，低氧的生活條件，讓雪巴人遺傳到的基因迅速改變，而且現在已經代代相傳。說不定，你也遺傳到這類的改變，只是也許不在 EPOR 或 EPAS1 基因上，而是在那些可以幫助你的特定祖先存活下來的基因上。當我們爲更多基因體測繪定位過之後，就會對單一核苷酸多型性（single nucleotide polymorphism, SNP），也就是個人的遺傳密碼中只有一個字母的改變，更加熟悉。這種變化雖然細微巧妙，卻能讓世上人類的各個群體出現種種重大差異。當我們愈能闡明先人的歷史，就愈能反過來發現自己。

我坐在富士山的頂峰，看著朝陽在拂曉的天空中緩緩上升，簡直不敢相信我的腳怎麼可以痛成這樣。在登頂的過程中，我一直忙著應付一路伴隨的噁心感及脹氣，完全沒有注意到自己的腳已經磨出嚴重的水泡與潰瘍。我先靜坐下來好幾分鐘，慢慢啜飲著那罐可樂，然後才脫下靴子評估受傷狀況。我本來猜想雖然很痛，但實際上應該沒有感覺上那麼糟，直到我把襪子完全脫掉，才看到事實並非如此。我的腳趾似乎承擔了攀登時所有的衝擊，滂沱大雨讓靴子吸飽了水，也讓我的腳趾腫脹得有如迷你香腸一樣，痛得要死。

我很清楚接下來得面對什麼樣的情況，那就是幾小時長的下山行程。我心裡一邊想著下一步該怎麼辦，一邊不禁開始幻想：除了很想要有點雪巴基因，好避免高山症的摧殘之外，要是能過著完全沒有疼痛的生活，是不是也很棒？

還能感覺到痛，也許才是好的

在生命中的某些時刻，我們都會遇上某種類型的疼痛，疼痛甚至可能是你童年最早的回憶之一。也許你現在就感受到某種疼痛，無論如何，有一件事倒是可以肯定：疼痛，尤其是慢性的那一種，絕對是需要認眞看待的事情。你聽了可能會很驚訝，根據估計，美國一年花在疼痛方面的費用高達六三五〇億美元，[8]這個數字比用在像是心臟病或癌症之類的相關花費還要高。

我坐在富士山上盯著腳趾瞧，我知道自己感受到的疼痛還不算太嚴重，而且大概只是暫時性的——至少我希望如此。不幸的是，這並不是其他幾百萬人面臨的現實情況，他們的生活遭到疼痛的長期蠶食，所付出的代價完全不是任何金錢數字可以彌補的。

在我考慮著到底要不要再把濕漉漉的襪子套上起水泡的雙腳時，那一刻我最想要的事情，莫過於能讓自己免除那種教人咬牙切齒的疼痛，就算是只有一下子也好。我心裡想著：如果能夠變身爲漫畫裡那種擁有超能力的人物該有多好！我知道，這絕對不會只是我個人一廂情願的幻想，大多數人面臨疼痛折磨時，面對這類幻想恐怕都很難不爲所動。不過，在這種願望成眞之前，我們需要先見見一位十二歲的女孩，她名叫蓋比．金格拉斯（Gabby Gingras）。

蓋比出生於二〇〇一年，沒多久，她的父母就發覺這個小寶寶有些不對勁，不但會抓傷自己的臉，用手指捅自己的眼睛，還會用頭去撞嬰兒床，而且不會哭泣。到她開始長牙的時候，這種經驗對大多數孩童來說都很痛苦，但蓋比似乎完全不當一回事。[9]再來，就是亂咬的問題，很多小孩會咬自己的父母和兄弟姊妹，所以孩子在長牙以後，很多母親就理所當然地不再哺乳了。但蓋比不只是咬別人，還會咬自己，她把自己的舌頭咬到看起來有如一塊生的漢堡肉，連手指也被她自己啃得血淋淋的。

他們花了好幾個月看醫生，終於找到這個美麗的小女嬰為什麼會傷害自己的答案：蓋比罹患了一種全世界鮮少有人得的遺傳性疾病，稱為「先天性痛覺不敏感合併局部無汗症」(congenital insensitivity to pain with partial anhidrosis)，這種病讓患者全身或部分身體沒有痛覺。罹患這種罕見疾病的人，很可能比我們所知道的還要多，只是他們未能存活得夠久；事實證明，沒有疼痛的生活，是很難讓人活下去的。

即使在蓋比的父母已經了解他們的女兒為何會這樣自殘之後，他們還是沒有辦法完全保護她。當時，蓋比的年紀距離能聽得懂大人的規勸還有很多年，在這段期間，父母所能做的也只能盡全力防止她傷害自己。他們做了一個難熬的決定，搶先把她嘴裡的乳牙通通拔掉，但這麼做會導致她的恆齒提早萌出——當然，這些牙齒也馬上就被拔除了。

蓋比的右眼因為她自己亂戳而嚴重受損，但醫生及時把她的右眼眼皮縫起來一陣子，保住了這隻眼睛。等到右眼痊癒到最佳狀況後，蓋比被迫幾乎整天戴著泳鏡。可惜的是，她的左眼就沒救了，醫生在她三歲時為她摘除了左眼。

雖然疼痛出現時，我們都希望盡量不要意識到它的存在，但疼痛其實可以保護我們。它幫助我們從幼年階段邁向發育成熟的階段，並提供我們日後發展為高等決策能力所需要的基本二元回饋反應：「只要一碰這個就會痛痛嗎？好吧，那我不要再碰它好了。」

然而，要讓這一切過程發生，你的身體必須要能夠把疼痛的訊號從一個地方傳輸到下一個地方，一個細胞接著一個細胞把消息往上傳遞，最後傳到大腦。這種反應有如顯微鏡尺度的小馬快遞（Pony Express）——美國西部早期的郵件傳遞系統——不過，它們是以電流的高速度前進，整個過程需要仰賴特定的蛋白質。

科學家在和蓋比情況類似，罹患先天性痛覺不敏感症患者的 SCN9A 基因上發現突變，[10] 這點讓事實變得更明顯了：對疼痛不敏感的人和世上其他人的差異，僅在於遺傳到的 SCN9A 基因版本上有一個小小的變異。SCN9A 及其他相關基因的改變，可以導致一系列疾病，稱爲「離子通道病變」（channelopathy）。這個術語涵蓋一些不同的疾病，但是一般認爲這些疾病的導因相同，都是因爲位於細胞表面，負責居中傳達或決定哪些東西該進該出的門戶失去功能。在沒有疼痛感覺的案例中，由 SCN9A 基因生成的蛋白質在接受訊號後不再把訊號發送出去，就像是信件明明已經送到驛站，但負責運送的小馬及騎士不但沒有立刻出發，趕赴一場西部荒野的冒險歷程，反而在畜欄裡遊蕩閒混一樣。

發現 SCN9A 及它與痛覺傳導的關係，是英國劍橋大學醫學研究所（Cambridge Institute for Medical Research）的科學家在深入研究某個少年的案例之後的結果。這個少年住在巴基斯坦的拉合爾（Lahore），據說擁有超人般的能力，完全不會感覺到疼痛。他運用這種明顯沒有痛覺的天賦能力在街頭賣藝維生，把自己當成人體針插，用各種沒有消毒過的尖銳物品刺穿自己、吞劍、踏過滾燙煤塊，但是看起來全然若無其事。他也是當地醫院的常客，總是在捅了自己好幾刀後，到醫院去縫補傷口。

可悲的是，當科學家們抵達拉合爾時，這個少年已經死了。他為了博得朋友的欽佩，從一棟建築物上跳了下來，死的時候還不滿十四歲。科學家探訪少年的親戚後得知，原來他們家族中還有另外幾個人也說自己從來不會覺得痛。深入研究他們的基因庫後，科學家發現這些人都有個共同點：在 SCN9A 基因上有同樣的突變。每次看到這種基因編碼及表現上最微小的改變，可以擴大到對難以置信的大範圍產生影響，總是讓我深感震撼。在一系列幾十億個字母中，只要有一個字母改變，我們得到的就可能是一碰即碎的骨骼；在基因表現上出現那麼一點小變動，你就可能完全感受不到斷骨的疼痛。

在疼痛方面，自從發現 SCN9A 基因之後，一切的進展便愈來愈快。我們現在已經有一張還在不斷加長中的清單，上面列出了在生活受疼痛影響方面扮演協助角色的其他基因（目前已將近四百個。）所有的這些發現，帶來一個全新的研究路線，在不久的未來，我們很有可能可以選擇性地調低某些類型的慢性疼痛的強度。「選擇性」是這裡的關鍵所在，因為就像我們從蓋比和拉合爾少年的例子中學到的，立即疼痛所帶來的保護作用，對我們的生存至關緊要。在我們的基因遺傳中，還有許多微小差異所扮演的角色，比傳達疼痛反應還重要得多。研究出一切是如何連結在一起，是我們下一個巨大的研究挑戰，而這場解鎖之戰我也牽涉其中。

就像穿梭在魔法學院裡那麼複雜

在人類基因體首度發表時，當時的熱潮著重在確認基因與特定性狀的連結，而大部分比較簡單的結果早就像可以輕易到手的低枝椏果實一樣，很快就被摘得一乾二淨。到目前爲止，許多已經確認的基因相關疾病都只牽涉到單一基因，像是前述沒有痛覺的拉合爾少年案例，那些改變全是源自一個基因上的變異。比較棘手的任務，則是設法解開多重因素纏結形成的複雜網絡，這些因素造成的是像糖尿病或高血壓之類的問題，看來牽涉到的都不只一個基因。

想知道這類任務大概像什麼模樣，請想像一下，你正在哈利．波特（Harry Potter）的霍格華茲魔法與巫術學院（Hogwarts School of Witchcraft and Wizardry）裡，打算用一種特定的模式從宿舍走到教室，再走到院子、實驗室、圖書館，然後走回來穿越那些不斷移動、改變，而且無法預測的巨大樓梯；只要踏錯最小的一步，你都有可能回到起點。這種複雜性不但教人難以想像，也經常讓人灰心喪志，尤其當你下的賭注確實攸關生死時——而且通常如此。

如今，遺傳學的進展方向，不再只是研究特定基因及它們的作用，而是更注重理解我們的基因遺傳如何以結成網絡的方式運作；當然，也包括了解我們的生活經驗如何透過像表觀遺傳學這樣的機制，來影響那個錯綜複雜的系統。更進一步的複雜事務，也是更困難的一項挑戰，就是設法了解爲什麼我們的父母與近幾代祖先的生活經歷，居然同樣會影響我們當前變化多端的遺傳景觀。

明白這些改變對我們個人的意義，將幫助我們對一切事物做出更好的決策，從可以從事哪一類的冒險活動（對我來說，那就是再也不要爬高山了）、該住在什麼樣的地方（近期內你絕對不會發現我搬到科羅拉多州的阿爾瑪去住，那裡的海拔高度是三二二四公尺），一直到我們在第五章詳細討論過的：該吃些什麼（我還是眞的很愛吃我的麵疙瘩，只是我比較喜歡在海平面高度的地方吃它。）所有這些基因爲我們帶來的東西——以及更多其他的東西，都是我們獨特的遺傳中不可或缺的部分。

除了可樂販賣機和痛得要命的雙腳之外，我對於待在富士山頂峰的那段時間實在沒什麼記憶，不過我確實記得自己看到日出，也記得在那一刻我環顧四周，看著那些和我分享那一刻體驗的面孔。他們什麼年紀都有，有的人看起來神采煥發、活力充沛，彷彿剛享受過一夜酣眠，而且剛才根本沒有爬上山來似的，簡直像清晨的陽光那樣鮮活、明亮；至於其他人，包括我在內，看起來就是一副馬上就要累垮倒地的模樣。

太陽穿破地平線上的雲層後沒多久，我們都該上路了。嚮導朝我們走過來，伸出手臂指向雲層下方的某處，表示該是下山的時候了。我一邊收拾著背包，一邊笨手笨腳地往裡頭摸索，想要找雙新襪子在下山時穿。此時，我不禁想到，雖然我沒有雪巴人的基因，還是奮力地爬上了富士山的頂峰。對我來說，這象徵著人類的能力，可以超越基因遺傳原本可能帶來的限制。畢竟，想當一個超級英雄，比較重要的是日復一日做出超級英雄的抉擇，和我們遺傳到的基因無關。

9 駭進你的基因體

癌症是我們這個時代的黑死病，但這回事就本身而言，也可以視爲一種勝利。畢竟，我們在馴服多種傳染性疾病上已有極其重大的成就，這些傳染病在大部分人類歷史上，都曾經名列頂尖殺手之位，但如今在已開發世界中，最大的生命威脅已經不是來自老鼠、壁蝨、病毒或細菌，而是來自我們自己的身體內部。

全球每年大約有七六〇萬人死於癌症，如果你在一個房間裡塞了十個人，這裡面大概會有四個人此生將被診斷出患有某種形式的癌症。[1]不曉得你可認識某個家族中，完全沒有任何人、以任何方式與癌症沾上邊？在我認識的人當中，可沒有這樣的例子，而且我也沒見過任何一個從來沒想過自己或自己所愛之人也許有一天會罹患癌症的人。

癌症並不是什麼新的詛咒，有些人類學考古學家認爲，埃及在位時間最長的女法老哈特謝普蘇特（Hatshepsut），可能就是死於癌症的併發症。[2]如果我們更進一步深入研究整個演化史，古生物學家已經從骨骼化石的證據，發現恐龍、尤其是鴨嘴龍——白堊紀晚期的草食性動物，已知牠們所吃的樹葉和毬果，來自我們認爲具有致癌物質的針葉樹——也步上同樣的命運。[3]

目前，對我們這個物種而言，這類惡性殺手中最盛行的是肺癌。[4]雖然我們知道八〇%至九〇%的肺癌患者是吸菸者，但我們也知道，並不是每個抽菸者罹患肺癌的可能性都一樣高。[5]以喬治．伯恩斯（George Burns）爲例，在他最後一次接受訪問的時候，這位九十八歲的喜劇演員告訴《雪茄客》（*Cigar Aficionado*）的記者：「如果我聽從醫生的忠告，在他勸我的那個時候就戒了菸，那我就不可能還能活到可以參加他的葬禮了。」[6]伯恩斯的雪茄菸癮——每天抽十到十五根雪茄，持續七十年——對他的長壽是否有貢獻呢？應該不大可能，但是據我們所知，至少這些 El Producto 雪茄似乎並沒有縮短他的壽命。

有些人會錯誤解讀這樣的案例，並拿它來當作證據，證明衆所周知的常識「吸菸對你有害」是錯的，但這件事根本稱不上是證據。不過，我們倒是可以公平地說：某種習慣——不管是菸癮、酗酒，還是暴飲暴食——比較可能有害健康（根據美國疾病控制與預防中心（Centers for Disease Control and Prevention）的資料，吸菸者罹患肺癌的機率比非吸菸者高出十五到三十倍），並不等同於可能有害健康（只有大約十分之一的吸菸者眞的罹患肺癌。）但我還是要說明一下，吸菸就像在左輪手槍彈匣裡裝了一顆子彈，然後對著腦袋玩俄羅斯輪盤賭一把一樣，更何況買菸眞的很花錢，而且二手或三手菸還會貽害他人，通常正是和我們最親近的那些人。

但是，爲什麼有的人一輩子都在吸菸，卻不會得到肺癌呢？到目前爲止，我們還沒有找到哪一種包含遺傳學、表觀遺傳學、行爲及環境因素的神奇組合，可以準確預測哪個人罹病的風險較大。想要解開這個糾結纏繞的網絡，絕對不會是件簡單的任務，但實際上很可能是某種遺傳與環境因素的組合發揮作用，可以降低吸菸者得肺癌的機會。在人類健康的這個領域中，過去對這方面的審愼科學研究並不多，沒有太多科學家會渴望有機會做這類研究，因爲結果有可能違背常情，反而需要告訴某些特定族群：你們在呑雲吐霧時，其實並不需要那麼擔心。然而，有一個產業倒是對這條科學探索路線相當感興趣，那就是「大菸草公司」（Big Tobacco）——整個菸草產業，尤其指美國最大的三家菸草公司。

輿論、專家與謊言

在一九二〇年代，一些正直的科學家已經知道，吸菸與肺癌可能有所關連。其實也眞的沒錯，任何一個人只要仔細想想，都可以合理地得出結論：我們嘴裡叼的那根浸透了化學藥品的燃燒紙捲，裡面塞滿菸葉、促燃劑、殺蟲劑，還有天曉得什麼鬼東西，應該不大可能會是香菸公司有時宣稱的那種萬靈丹。然而，這樣的健康危機在接下來三十年，卻明顯遭到大眾忽視。

接著，洛伊・諾爾（Roy Norr）出現了，這位紐約資深作家最初是把他揭露吸菸危險性的醫學文章發表在一九五二年十月號的《基督教先驅》（*Christian Herald*）雜誌上，但由於這份雜誌沒什麼名氣，所以當時並未引起大眾關注。但幾個月之後，世界上流通最廣的雜誌《讀者文摘》（*Reader's Digest*）刊登了同一篇文章的摘要版，引發的回響有如防洪閘門被大水沖破一般，一發不可收拾。[7]接下來幾年，美國的報章雜誌以密集炮火之勢發表大批撻伐文章，把抽菸和「支氣管癌」——這是當時對肺癌的稱呼——連結在一起。[8]

這類報導之所以大幅增加，全拜日趨複雜且具量化本質之科學研究方法應用於醫學上之賜，這種如今我們認為理所當然的研究方式，在一九五〇年代可是相當罕見。我們可以把這類研究看成科學上的勝利，但其實它是因為人性的失敗而誕生的：接近半世紀的世界爭戰，包括初次使用核子武器、地毯式轟炸，以及現代的生化戰，已經讓我們都成為懲惡及決定生死的專家。而這陣突發的反菸風潮正是最早的實例之一，顯示我們眞正開始把所有的定量利劍鑄成醫學的犁頭。這情況以歷史觀點來看，也算是發生在完美的時間點，因為在二次世界大戰之後，正好有一股共識興起，大家紛紛將史無前例的大量資金投注在醫療研究方面。

不過，大菸草公司很快就展開反擊。在那個時期，超過四〇%的美國成年人有固定抽菸的習慣，平均每個吸菸者一年要點燃一萬零五百根菸；也就是說，全美國一整年抽掉的香菸高達五千億根。[9]大菸草公司等於是在大肆殺戮，而且它可不是單槍匹馬幹這回事，回到當初那個時期，每售出一包香菸，就有不折不扣的七分美元落入美國政府的口袋。[10]累積一年後，這筆錢會是十五億美元，相當於現在的一三〇億美元。這還沒把那些因爲有吸菸者在背後支持才得以存在的工作算在內，菸草業在維吉尼亞州、肯塔基州和北卡羅萊納州，都是代代傳承的重要產業。[11]

爲了對抗如洪水般來襲的負面新聞，大菸草公司必須讓自己看起來像是有所貢獻，所以他們發表了一篇所謂的〈對抽菸者的坦誠聲明〉（"A Frank Statement to Cigarette Smokers"），由十四家菸草公司的大老闆聯合起來，在全美四百多家報紙上刊登了全版廣告。在這篇聲明中，他們大膽提出辯解，表示最近將吸菸與疾病連結起來的那些研究：「在癌症研究領域未被視爲定論。我們相信，我們製造的產品不會損害健康。超過三百年來，菸草一直爲人類提供撫慰、放鬆及享受的效果。雖然在那幾年中，批評人士曾經把幾乎人類會得的每一種疾病都歸咎於菸草，但這些指控已經因爲缺乏證據而一個接著一個撤消了。」

就在同樣這篇廣告上——雖然大家都不怎麼相信他們——這些大菸草公司的首腦，倒是共同承諾做一件相當值得注意的事：他們將成立一個菸草產業研究委員會。這是一個獨立的科學調查機構，負責審查最新的研究結果，同時也會自行進行調查研究，以求充分了解吸菸對健康的影響。也許我們不會太意外，這個後來更名爲「菸草研究評議會」（Council for Tobacco

Research）的委員會，當然不可能眞的完全獨立，而且它的眞正使命，可以說是帶著徹頭徹尾的惡魔意味。在接下來的幾十年中，這個組織的研究人員蒐集了數千篇科學論文及報章剪報，找出裡面一些前後不一致的地方及結果相反的例子，然後運用這些資訊來精心打造行銷訊息，或是對抗法律訴訟及管理規章，並繼續針對吸菸的眞正危險性散播懷疑的種子。

這項誤導使命的領導人是克萊倫斯・庫克・里透（Clarence Cook Little），他是一位遺傳學家，在第一次世界大戰發生前幾年，在孟德爾遺傳學方面的學術研究結果，對當時的學界影響非常大。他範圍廣泛的工作簡歷，包括曾經擔任緬因州大學（University of Maine）及密西根大學（University of Michigan）的校長，比較引人爭議的則是同時擔任美國節育聯盟（American Birth Control League）和美國優生學協會（American Eugenics Society）的會長。然而，里透的履歷中眞正讓菸草公司覬覦的，是他在美國控癌協會（American Society for the Control of Cancer）的終身常務董事身分，這個機構是如今美國癌症協會（American Cancer Society）的前身。

里透曾經於一九五五年受邀出現在愛德華・默羅（Edward R. Murrow）的電視節目《現在請看》（*See It Now*）中，當時主持人問他香菸中是否含有致癌物質。

他回答：「沒有，」接著又以濃重的新英格蘭口音說道：「什麼都沒有，不管是在香菸裡，還是在其他任何菸類產品中，都沒有那種東西。」[12]這段話本來應該稱不上是什麼好笑的台詞，但是在過去半個世紀中，這一小段電視訪談（包括里透一直咬著一支看來並未點燃的菸斗）已經播出了一次又一次，用來製造十足的喜劇效果。

基於里透滑不溜丟的名聲，他的整體答覆確實有些微妙之處：「就某方面而言，這倒是滿有趣的。由於焦油中含有許多已知的致癌物質，所以我敢肯定，這方面的研究會持續下去，因爲人們總是會在所有物質中不斷地尋找致癌成分。」

所以，香菸不會引發癌症，但是抽菸時吸到的焦油——這東西一定會積聚在肺臟裡——會致癌？如果里透不是早已穩居其位，坐收菸草公司提供的大批油水，那麼他的第二職業生涯應該會是個政客。正如英國作家喬治．歐威爾（George Orwell）所述：如此顧左右而言他的巧妙詞語，正是「特意設計出來，讓謊言聽起來猶如實話，謀殺聽起來值得尊敬。」

雖然里透對眞相總是閃爍其詞，但如果不是嚴格來說，他倒是沒有說謊。因爲畢竟當時的研究一直在尋找的，是抽菸這種行爲和肺癌之間直接而特定的關連；而那種可以眞正探知細胞從良性轉爲惡性之導因的複雜工具，還要經過好多年才會出現。不過，就我們的目的而言，里透在那天晚上提到的其他內容反而更有意思，那番話對於即將發生的問題可能是條線索，而問題不只源自菸草產業，也可能出自任何人生產出來的會致病的產品。

里透接著說：「我們非常感興趣的，是找出哪些人會變成菸槍，哪些人不會。並不是每個人都會變成吸菸者，也不是每個吸菸者都是大菸槍。究竟是什麼因素，決定這些人變成這樣的癮君子呢？菸抽得特別凶的人，是不是比較神經質呢？他們是那些對緊張或壓力反應特別不一樣的人嗎？因爲很明顯，有些人就是無法像其他人那樣輕鬆面對事情。」

「非常感興趣」？大菸草公司當然會這麼想囉！而且他們現在也一定還是這麼想。如果菸草產業可以建立某些人爲何比較容易變成菸槍——因此也比較容易生病——的論述，那麼他們就可以推卸責任，辯稱問題出在遺傳上，也許就是基因造成這些人對大量吸菸過度敏感，而不是出於香菸本身。如果你還沒有聽聞過汽水及垃圾食品製造商發表同類言詞，請讓你的耳朵盡量保持打開，這類說法很快就要出現了。下次如果又有人控告速食連鎖業造成他們肥胖，例如幾年前巴西某家麥當勞的經理就做過這檔事，你可以確定原告的基因體（還有微生物體），很可能都會被列在被告的專家證人名單上。

因爲只要一談到免除責任，大企業的慣性反應向來都像電影《教父》（*The Godfather*）裡的桑尼·柯里昂（Sonny Corleone）可能會說的那樣：「那就開戰吧……。」想瞧瞧證明嗎？沒有比ＢＮＳＦ，也就是美國伯靈頓北方聖塔菲鐵路公司（Burlington Northerm Santa Fe railroad）更好的例子了。

遺傳資訊攻防戰

我們的身體並不是注定要這麼使用的。我們是活動量很大的動物，或者說，我們曾經是活動量很大的動物。在史前時期，我們身體的活動程度會比現在高一些，我們會猛然襲擊小獵物、攀爬高聳的岩石、游泳横渡河流，或是爲了躲避劍齒虎而奮力奔逃。[13]但是，自從工業革命興起——數位革命興起後更是如此——出現兩大變革：我們變成習於久坐，而我們的生活則變得高度重複化。

到最近這幾個世紀，我們開始逼迫身體接受那些因爲重複做同樣事情幾千次、甚至幾百萬次而造成的傷害，從腕隧道症候群（carpal tunnel syndrome）到下背部疼痛，我們的關節和軀幹都爲此付出代價。我們對「重複性勞損」（repetitive strain injury）的認識，應該要歸功於職能治療之父貝納迪諾．拉馬齊尼（Bernardino Ramazzini），他是一位義大利醫師，其著作《工作者的疾病》（*De Morbis Artificum Diatriba*）於一七〇〇年在義大利的摩德納（Modena）出版，至今仍是公衛工作者熱中引用的經典。

一位十七世紀的醫生能對二十一世紀的辦公室生活發表什麼意見呢？我們不妨從《工作者的疾病》的內容一窺端倪：

> 這些讓店員飽受折磨的毛病……源自三種原因：首先是久坐；其次是手部持續朝相同的方向做一樣的動作；其三是精神一直處於緊張狀態，在不停做加減工作或其他金額計算時，擔心把帳冊上的數字弄錯，造成雇主的損失……執筆在紙上不停移動，會造成手部及整隻手臂疲勞，這是因爲肌肉和肌腱一直處於持續而繃緊的張力

之下，如此經過一定的時間之後，必定會導致右手失能……[14]

幾乎一語中的，簡扼描述出如今所謂重複性勞損的情況。拉馬齊尼在超過三百年前便已看出來的，就是一次又一次重複做同一件事情的過程，確實對我們有害。

這個概念把我們帶回前述提及的ＢＮＳＦ鐵路，這家公司於一八四九年在美國中西部成立，如今已成長爲北美地區最大的貨運鐵路公司之一，旗下鐵路跨越美國的二十八個州，還有加拿大的兩個省。想讓所有這些列車循正軌行進，一共需要將近四萬名員工；可想而知，在鐵路上工作就體力而言非常辛苦，所以我們也不必訝異，ＢＮＳＦ的員工的確有時會因爲職業傷害造成傷殘，而不得不離職。當然，這種情況需要付出的代價，對於像ＢＮＳＦ這類公司的雇主是非常昂貴的，因此他們會要求自家的管理團隊盡力尋求能把成本降低的方法。

能夠做到這點的好辦法之一，就是更加提高警覺，改善職業健康標準；但是，他們並沒有這樣做。另一個辦法就是，確保所有工人都明白在從事重複性高及容易受傷的作業時，公司鼓勵大家增加休息及輪替次數；但是，他們也沒有這麼做。他們做的是，開始查驗員工的基因。[15]

你瞧，某些位居ＢＮＳＦ管理階層的人顯然開始對遺傳學發生興趣，因爲他們得知ＤＮＡ可能扮演某種關鍵角色，可以決定一個人的手和指頭是否特別容易出現酸麻、無力、疼痛等症狀，也就是我們目前所說的腕隧道症候群。[16]沒多久之後，有些BNSF員工因爲出現腕隧道症候群問題而向公司提出工傷索賠，根據美國公平就業機會委員會（U.S. Equal Employment Opportunity Commission）的紀錄，BNSF居然強迫他們去抽血，並且據傳在未知會員工及未經員工同意的情況下，把這些血樣送去做DNA標記檢測，以得知這些員工是否就遺傳而言特別容易發生腕部疼痛或受傷的情況。

據說，大部分工人面對拒絕抽血就會失業的可能，只好同意接受抽血。不過，至少有一位員工決定提出反擊，最後BNSF和公平就業機會委員會達成和解，賠償了二二〇萬美元。委員會爲員工伸冤的立論基礎在於，做這樣的檢測違反了《美國身心障礙法案》(Americans with Disabilities Act)。這是在二〇〇〇年代初期發生的事，如今美國聯邦法律已對個人在工作場所是否遭受遺傳上的歧視提供保障，這個簡稱GINA的《遺傳資訊無歧視法案》(Genetic Information and Nondiscrimination Act)，正是爲了防止個人在就業和醫療保險方面因爲遺傳問題遭到歧視而誕生的。

這項法案於二〇〇八年由小布希（George W. Bush）總統簽署成爲法律，也有人稱爲「反嘉塔卡法」（the anti-Gattaca law）；因爲根據傳聞，有些政客是在看過一部一九九七年的電影後，才轉而支持這項措施。這部電影《千鈞一髮》（*Gattaca*），談的就是一個以基因來分層的未來社會；英文片名由DNA中核苷酸的簡寫A、T、C、G組成。一般認爲，這項法案算是向前邁進了很大的一步，算是事先預測並預先防範未來某些人會因爲基因檢測結果而遭到歧視的可能。

雖然如此，很不幸地，GINA卻未能在人壽保險及殘障失能保險上提供防止歧視的保護。也就是說，如果你遺傳到一個基因突變，例如出現在BRCA1基因上，可能會造成影響而使你的壽命縮短，或是讓你更容易失能。結果，保險公司可以合法地向你收取更高的保險費用，或是乾脆完全拒絕這方面的承保業務。這就是爲什麼每次我的病人及其家人即將進行一些非匿名執行的基因檢測或基因定序程序之前，我都會要求他們仔細考量後果，因爲我們發現的事實固然可能對健康至關緊要，但也同樣可能變成人壽保險及殘障失能保險上的不利因素，在這方面影響你個人、直系親屬，以及所有遺傳你的血緣的後代子孫。

在醫療保健的不同層面，從小兒科到老年病學，基因檢測及定序都愈來愈趨於常規化使用，所以我們能夠掌控的資訊也愈來愈多，這些訊息可以將各種不同的健康風險，與我們個人獨特的基因遺傳連結起來。歐巴馬健保法（Obamacare）的原意，是讓許多美國人更有機會得到健康照護，但它也可能在不經意之間讓這些人遭到基因方面的歧視。這都要歸咎於GINA中一個故意精心製造的明顯漏洞，讓保險公司在決定該向我們收取多少人壽保險及殘障失能保險的保險費用時，可以自由運用那些遺傳資訊。

下列就是這件事情更令人恐懼的部分：如今，任何一個可能承接你的保險的機構，或是任何一個牽涉到這方面事務的人，完全不必碰到你的任何一個細胞，就可以得知大量與你的基因遺傳相關的資訊。比方說，像我這一類的科學家，把基因和定序方面的資料分享給其他研究者是司空見慣的常規，只是我們會把資料上的識別訊息，像是名字和社會安全號碼等先拿掉。不過，這個我們大多數人一直認爲相當堅實可靠的隱私協定，在來自哈佛大學、麻省理工學院、貝勒大學（Baylor University），以及以色列台拉維夫大學（Tel Aviv University）的生物醫學專家、倫理學家、電腦科學家組成的精明團隊眼中，卻是駭客攻擊的潛在目標。

只要把前述那短短一段看似匿名的訊息，打進帶著消遣性質的家族系譜網站（有愈來愈多用戶把遺傳訊息輸入網站，想要追蹤失散的家族成員），研究人員就能輕易辨認出這些匿名患者的家族群體。然後，只要再多加一點那些共享樣本裡通常都會有的額外資料，像是年齡、住在哪一州等，他們就能用三角定位的方式，得知許多個人的確切身分。[17]

而且，用別的方式也能達到同樣目的。你有沒有哪位家族成員戰勝了癌症？他們曾在自己的部落格提到這些事嗎？或是寫在臉書上？還是推特上？社群媒體不只是我們與所愛之人保持聯絡的良好方式，對遺傳電腦偵探而言，更是一個極爲深入及豐富的潛在資訊來源。現在已有超過三分之一以上的雇主，表明他們會運用從社群媒體網站——例如臉書——上面得來的資訊，從人才庫中刪除某些求職者。[18]在美國，由於透過雇主納保的健保費用始終居高不下，所以各家公司行號可能會認爲經由社群媒體來審視員工健康狀況的做法，應該可以列爲招聘過程中的常規；就算偷偷摸摸這麼做，也是情有可原的。

只要輸入你的名字，再加上數以百萬計公開在網上的家族系譜紀錄，那些愛打聽又神通廣大的人——也許正在考慮雇用你、和你約會，或是與你共結連理——就能進一步認識你，可能比你更了解你自己。[19] 也許你自己就是那個愛打聽又神通廣大的人，如果有個更簡單的方法，可以讓你得到某人的遺傳資訊，而且不必讓對方知情，你會做到什麼地步？我眞正要問你的問題其實是：你會想要駭進某人的基因體嗎？

愛的難題

我正伸手想要招一輛計程車的時候，手機開始震動，我知道是一封新的電子郵件進來。來信者是我的一個朋友，他是位年輕的專業人士，名叫大衛，最近剛剛訂婚。他的未婚妻麗莎是位時尚攝影師，也住在紐約市。幾週前，他倆還沒正式訂婚前我見過她，當時是去參加她在蘇荷區一家畫廊舉辦的首度個人攝影展，那次的見面經驗相當愉快。

當天晚上，大衛便寄了電子郵件來，問我是否能抽空跟他聊聊，他有幾個關於基因檢測的問題想請教我。這是朋友和家人經常拜託我的事，他們都很想在這個迅速發展的領域獲得一些建議。大衛之前提過，一旦他和麗莎結了婚，就打算趕快生孩子，所以我認爲他應該是想盡量好好利用產前基因檢測的結果。從這些「基因面板檢測」（gene panel）可以看出你和你的伴侶在受測的數百個基因中是否帶有突變，這類型的測試可以爲夫妻提供彼此基因相容性的遺傳快照。

我們所有人的身上都帶著少許隱性突變，這類突變本身大多是無害的，但如果你和你的伴侶擁有同一種行爲失序的基因，組合起來就等於是一份親代遺傳潛在災難的製造祕方。許多夫婦都會在踏上爲人父母之路前，先好好利用這種檢測對幾百個基因進行篩檢。這種檢測很容易，只要把口水吐進一個小瓶子裡，將瓶子封好寄出去，然後等待結果揭曉。

由於事實上我們大多數人的基因突變，並不會和伴侶的突變位於同一個基因上，所以這種基因不相容的情況通常都不會發生。不過，在我終於坐上叫到的計程車，打電話給大衛後，我很快就發現大衛想了解的不是這類產前檢查；他想知道的，其實是他能否在未婚妻並不知情的情況下，駭進她的基因體。

大衛之所以會開始擔心，是因爲他的未婚妻在很小的時候就被收養了，直到最近才和親生父親重聚。麗莎追蹤尋覓自己的生父，是爲了想邀請父親來參加婚禮。她和生父在咖啡館長談一番後，得知自己的親生母親在罹病過世前曾飽受諸多症狀折磨，而那些症狀聽起來很像「亨丁頓舞蹈症」（Huntington's disease），這是一種致命的基因遺傳神經退化性疾病。患有亨丁頓舞蹈症的人，大腦的神經細胞會慢慢退化，這種病症無法治癒，在這條通往死亡的路徑上所鋪設的磚石，包括喪失肌肉協調能力、精神病，最後是認知能力衰退，然後死亡。

讓事情更加複雜化的，是大衛的未婚妻完全沒有興趣接受基因檢測。「但是，」他問道：「只要我能夠拿到她的一根頭髮，或是像她的牙刷之類的東西交給你就可以了，對不對？這樣我們就能夠做檢測了，對不對？我的意思是，她甚至不需要知道這回事，我明白這實在太瘋狂了，但是……要是我能早點知道自己將面對什麼樣的情況，一切就簡單多了。」

他要求我幫忙的事情，最好的情況就是只扯上倫理問題，但是在許多國家中，這麼做完全是犯法的。[20]我並沒有在電話中當場表達我的全然反對，也沒有婉拒他的要求，讓他自己去想辦法；我想，我最好還是邀他出去喝一杯。大衛說，他下班後需要先去辦幾件事，之後他就有空了，所以我們約在晚上十點。我很期待見面後可以搞清楚到底發生了什麼事，竟然會讓大衛考慮做出這種一反常態的事。

那個曼哈頓的八月夜晚既炎熱又潮溼，讓人心情浮躁。大多數人都會躲進有冷氣空調的地方，如果可以的話，會乾脆離開這座城市。我一踏出計程車，就連忙閃進酒吧，眞的很高興可以暫時躲開那陣溼熱。我在酒吧裡，找到兩把沒人坐的高腳椅，坐下來後開始點酒。看著調酒師熟練地調製我點的酒，然後把那杯攪拌好的莫希多（mojito）倒給我。我想到大衛，決定打電話給凱莉，她是我的朋友，也是一位社會工作者，有非常多接受諮詢的經驗，而且她的工作對象是新近診斷出罹患絕症者的伴侶。

凱莉說：「因爲他將要和一個也許帶有致命遺傳疾病基因的人結婚，請試著找出他內心潛藏的相關恐懼與預期，然後試著了解他們兩人已經進行過哪一類的討論。我們大多數人都害怕顯露出自己的脆弱，尤其是在自己的伴侶面前，但如果他沒有在她的面前表達過自己的恐懼，那麼他們兩人就無法坦誠討論這件事對他們的未來、他倆的關係，以及接下來該怎麼做究竟有什麼影響。」

幾分鐘後，大衛走進酒吧。毫不令人意外地，他對於討論醫療應用倫理學根本不感興趣，他只是需要有人聽他傾訴。隨著晚上的時光慢慢過去，我不禁想到「不知道」其實有時候比知道還要複雜及痛苦得多。我認識大衛很多年了，明顯看得出來，他正在經歷很大的感情痛楚，更不用說他有多震驚了。他覺得，他想要共度此生的那個人，心裡頭居然藏著一個祕密，而且還不願意把這件事說出來。

我盡全力乖乖坐在那裡，聽他訴說，只回答我確實有答案的問題；老實說，這種問題並不多。隨著時間過去，我聽到他們發現麗莎的生父還活著有多驚訝，而且他就住在距離他們家不遠的紐約上州。我聽到他們沉痛地得知她的母親在很年輕的時候就過世了，留下許多未能解答的問題。我也聽到麗莎心裡似乎相當矛盾，但堅決不肯接受檢測，這點讓大衛深感挫折。「我不明白她爲什麼不想知道眞相，」他一直這麼說。

在這個數位時代，大衛已經得知許多和亨丁頓舞蹈症有關的訊息，他也明白這種病和其他那些由特定單一字母突變引發的疾病不一樣，其背後的遺傳學有如一張被刮花了以後不斷跳針的唱片，患有這種毀滅性神經系統疾病的人，在他們的ＨＴＴ基因上由胞嘧啶、腺嘌呤和鳥嘌呤構成的三種核苷酸序列會比正常情況長，而且會一次又一次地重複。每個人都會遺傳到某個數量的這種重複現象（正常人少於三十五次重複），但如果有個人的這個基因上有四十次以上的重複，他們就幾乎一定會發展出亨丁頓舞蹈症。重複的次數愈多，發病的時間就愈早；如果有超過六十次以上的重複，罹患此症的患者可能早在兩歲左右就會出現症狀。

我們還不大清楚為什麼，但是大多數很年輕就發病的患者，是從他們的父親那裡遺傳到這個基因。不過，即使是從母親那裡遺傳到此病的患者，這種核苷酸重複的次數一般而言仍會一代比一代增加，這種基因遺傳上的改變，我們稱為「早現遺傳」（anticipation）。從我們的談話中，可以看出大衛似乎對所有資料都相當了解，包括這種病會怎麼遺傳下去。只需要一個上面的重複現象超過正常數字的ＨＴＴ基因就會罹病，所以大衛知道如果麗莎的母親罹患的是這種病，麗莎便會有五〇％的機會遺傳到亨丁頓舞蹈症。而且，如果真的是這樣的話，基於早現遺傳這個機制，她出現症狀的年紀，應該會比她母親首次發病時還要年輕。

最重要的是，他也知道如果麗莎確實有這種病，他就無法和她白頭偕老，而是必須眼睜睜地看著她的性格改變，因為這種病會重新塑造她的大腦，慢慢瓦解她的心智。而他是否在情感、理智、體力上都夠堅強，能夠妥善照顧她的需求呢？大衛說：「我做得到。我知道，未經她本人首肯就爲她做亨丁頓舞蹈症檢測是不對的，但我只希望知道我們將面對的是什麼樣的情況。『不』知道實情，眞是令人煎熬到簡直像要殺了我似的。爲什麼她就是不能夠好好地接受檢測呢？也許，無論答案是哪一個，都會讓我們的生活變得截然不同……好吧，我想要不要接受檢測，還是要看她的決定。」

結論就是這樣了，大衛很突兀地結束了這次的談話。我結了帳，準備再度面對又熱又黏的小黃搭乘之旅回家。我眞的很想告訴你，這個故事有個快樂的結局。我希望我可以跟你說，他倆一起過著童話般的快樂生活，住在時髦的布魯克林區，就像他們原先計劃的一樣。以及大衛鼓起勇氣和麗莎再次談過，結果她同意接受檢測，還有最最重要的，我好想告訴你，麗莎的亨丁頓舞蹈症檢測結果是陰性的。

然而，遺傳的故事就像生命的其他部分一樣，有時美麗得教人難以置信，有時又痛苦得不得了，有時則是介於兩者之間。眞正的事實是：大衛和麗莎並沒有按照原本的計劃結婚，她還是戴著他送的戒指，他們仍然瘋狂相愛著，有時也會被愛情和生活搞得快要發狂。就大衛而言，針對麗莎不情願及抗拒了解兩人前方究竟橫亙著什麼樣的險阻這回事，他仍然在努力適應中。就麗莎來說，她已經和一位專門幫助受亨丁頓舞蹈症影響之家庭的輔導員接觸過；不過，到我撰寫本章爲止，她仍然沒有決定要不要接受篩檢。

隨著基因檢測費用持續大幅下降，以及檢驗方式愈來愈簡單化，我們將會面臨更多這一類的情況，並且牽涉到更多種疾病。究竟要不要駭進某個基因體，會是我們愈來愈容易碰上的問題，但我們並非總是會有倫理方面的老練經驗，可以妥善處理這種問題帶來的影響。在我們日趨深入「美麗新世界」的這個當口，人與人之間的關係即將遭受考驗，我們的生活也會發生改變。而且，正如我們接下來要看到的，連我們的身體也會變得不大一樣。

安潔莉娜．裘莉的醫療選擇

安潔莉娜．裘莉（Angelina Jolie）知道她的勝算並不高。雖然擁有地位和名聲，但這位奧斯卡獎得獎女演員仍然感到徬徨無助，只能眼睜睜看著母親在多年與癌症抗爭的奮戰中落敗。爲了確認自己能不能好好活下去，繼續陪在伴侶及孩子身邊，裘莉接受了基因檢測，結果發現她的 BRCA1 基因上有個突變。

就大多數女性而言，BRCA1 基因的突變可能代表約有六五％的機會罹患乳癌。這是因爲 BRCA1 隸屬於某一組基因，在功能正常時，可以透過調低細胞過快的生長速度，或是調降細胞不必要的生長，來抑制腫瘤細胞的形成。但 BRCA1 基因能做到的還不只如此，它也可以和其他許多基因協調合作，共同修復受損的ＤＮＡ。

到目前爲止，我們已經談了很多行爲可以透過像表觀遺傳這類機制來改變基因的表現，但你也許還不知道，許多你每天都會做的事情，實際上都在損害你的ＤＮＡ。你可能已經在不知情的情況下，虐待自己的基因體很多年了。如果有個叫做「基因保護部」的政府機構，他們恐怕老早就把基因從你的身邊帶走，以保障它們免受你的荼毒。

甚至連一段能夠讓人放鬆的短暫國外假期，都出乎意料地對你不利。你的犯罪紀錄大概會是這個樣子：

1. 搭飛機從美國飛到加勒比海地區——罪行成立。
2. 爲了曬出蜜糖色肌膚在陽光下待得太久——罪行成立。
3. 在游泳池畔喝了兩杯黛綺莉雞尾酒（daiquiri）——罪行成立。
4. 吸到二手菸——罪行成立。
5. 接觸到用來對付床上臭蟲的殺蟲劑——罪行成立。
6. 接觸到保險套潤滑劑中的壬苯醇醚−9（nonoxynol-9，一種殺精劑）——罪行成立。

很抱歉，不得不用這樣的方式毀掉你最近的虛擬假期，但基因保護部正在衡量要用什麼罪名起訴你，好讓你體會自己有多麼不把基因體當一回事。那張清單上的每件事都會傷害你的DNA，如果我們沒有能力，無法持續妥善修復我們對基因體造成的所有負面改變，就會惹上嚴重的麻煩。我們在修復基因損傷上的能力有多強，跟我們遺傳到的「修復」基因很有關係。如果你正好遺傳到BRCA1基因千餘種突變的其中一種，你就比較容易罹患癌症，所以你對待自己的基因要格外小心。不過，有趣的是，並不是所有這種遺傳到的突變，都同樣令人擔憂。

回到安潔莉娜・裘莉的案例，醫生檢查過她的 BRCA1 基因後告訴她，她的特殊基因變異或突變讓人完全無法安心。[21]他們說，她有八七%的機會罹患乳癌，五〇%的機會得到卵巢癌。在跨越二〇一三年的冬春季，有整整三個月的時間，這位全球最受矚目的女性，不得不模仿自己在銀幕上扮演的那種特務角色，努力躲避狗仔隊的跟蹤，因爲她正在加州比佛利山莊的粉紅蓮花乳房中心（Pink Lotus Breast Center）進行一系列的治療，包括雙側乳房切除術。[22]

治療程序結束後不久，裘莉在《紐約時報》（*The New York Times*）上寫道：「醒來的時候，乳房上裝著引流管和擴張器，我眞的覺得這很像科幻電影的場景。」其實在沒多久之前，這些眞的只是科幻片的情節。醫生爲患者執行乳房切除術已經有很長一段時間了，但直到最近之前，這個手術的目的都只是去除疾病，而不是預防疾病。

然而，一切都改變了。由於我們對癌症分子基礎的了解已趨成熟，加上基因的篩選與檢測也更加普及，接下來將會有更多女性（甚至某些男性）和裘莉一樣，收到那種令人驚駭的壞消息。面對要不要接受最常見但並不完美的篩檢治療這種決定時，現在有三分之一的女性會選擇接受預防性乳房切除術，在癌症病魔侵害她們的乳房之前，就先把乳房切掉。當她們這麼做的時候，也等於創造出一種患者的新類別：帶癌基因者（previvor）。

目前，這類帶癌基因者已經高達數千人，幾乎都是需要面對和裘莉相同抉擇的女性。當我們愈來愈了解遺傳因素在其他疾病，包括大腸癌、甲狀腺癌、胃癌和胰臟癌中扮演的角色時，幾乎可以肯定，帶癌基因者這個族群一定會變得更大。

「『癌症』仍然是個足以讓恐懼穿透人心，令人深陷無力感的名詞。」裘莉如此寫道，不過她也指出：如今已經有一種簡單的檢測方法，可以幫助人們了解自己是不是特別容易罹患癌症，「然後他們就可以採取行動。」

所有的這一切，都正在爲醫生們創造一套全新的道德難題，畢竟他們執業的首要格言就是「primum non nocere」——首先，不要造成傷害。提到「行動」，我們談的並不只是那些激進的手術，像是乳房切除術、大腸切除術、胃切除術等，因爲有些東西根本是不能切除的。所以，其他一些可以採取的先發制人行動，包括：增加監測或篩檢的次數、預防性投藥治療，還有在可能的情況下，盡量避免潛在的破壞性遺傳觸發因素。

這就是爲什麼前述的「犯罪紀錄」可以變成一份重要的提示表，提醒你該怎麼做來照顧你的遺傳基因。如果你不好好照顧自己的基因，你就有可能在不經意間改變了它們。在一般的搭機旅行過程中，你會暴露於輻射中；爲了曬出蜜褐美肌，你會接受過多的紫外線輻射；雞尾酒裡含有乙醇；菸草煙霧有化學殘留物；再加上殺蟲劑，以及個人保養品中的化學物質……這些例子，全都是會破壞ＤＮＡ的一般因素。你選擇如何生活，也代表你打算如何對待你的基因體。

這表示我們全都需要好好地接受一番再教育，我們該做的不僅是發掘家族病史、解碼自己的遺傳基因，還要運用這些資訊，研究生活中可以做到哪些先發制人的主動正面改變。這類主動改變在不同人身上指的會是不同的行動，例如對某人而言，可能代表避免吃水果，但對其他人來說，也許代表的是該接受乳房切除術。

同時，我們也需要了解在這個發展愈來愈快的基因未來中，其他人會如何運用這些資訊。所謂的「其他人」，正如我們已經知道的，包括你的醫生、保險公司、大企業、政府機構，很可能還包括你所愛的那些親友。在考慮駭進自己的基因體之前，儘管我們原本可能預期在這方面可以保有個人隱私，但還是需要謹記在心：屆時若須面對人壽保險及殘障失能保險方面的歧視，我們可是一點自我保護的能力都沒有。

我們不能只是呆站在這個巨大典範轉移的邊緣，因爲有些人已經直接跨過那道邊緣了。也因爲大家無論在科技還是基因方面都如此休戚與共，所以不管我們喜不喜歡，接下來都會有更多人跨過去。

10 訂做一個寶貝

事情起於加勒比海地區一個寧靜的清晨，那是一九四三年五月十三日星期四，一艘特別建造用於運送大量液氨的美國蒸汽商船「鎳格林號」（SS Nickeliner），載著三千四百噸這種易揮發的貨物，朝著目的地英國前進。氨在彈藥製造方面是不可或缺的成分，因此在戰爭期間供不應求。想讓這種貨物抵達英國，就必須在第二次世界大戰大西洋戰役戰情最激烈的那幾個月，冒險展開渡海之旅。[1]

對於鎳格林號上的三十一名船員來說，即將面對的這一天絕對不是平淡無奇的尋常日子，因爲由三十五歲的海軍軍官萊納．狄亞克森（Reiner Dierksen）擔任艦長的一艘德國潛艇，從鎳格林號一離開港口就已經盯上它了。

在古巴的馬納蒂（Manati）以北六哩處，德國潛艇的鋼製潛望鏡悄悄地伸出水面，狄亞克森手下的魚雷員慎重地緩緩對準目標，接下來經驗老到的艦長——已有擊沉十艘同盟國船艦的彪炳戰功——確認目標無誤後，下令開火。兩顆德國魚雷進入水中，螺旋槳開始旋轉，加快速度往前衝去。然後就是一場巨大爆炸，水花與火舌四射噴濺，衝上天空高達百呎。鎳格林號很快就沉入海底，命運多舛的船員們則是搭上了救生艇。

對於同盟國軍隊來說，他們遇上的問題雖然簡單，卻也複雜到令人抓狂：他們需要找出一種方法，即使在潛艇沒入水中後，也能找到它們的位置。他們找到的答案就是「聲納」（sonar），當時這個名稱的每個字母都要大寫，寫成「SONAR」，這是「聲音導航與測距」（sound navigation and ranging）的縮寫——先以大型擴音器在水下發出「砰」的一聲，再用接收器「收聽」反彈回來的聲音，然後就能粗略估計出與目標的距離有多遠。

七十多年過去了，聲納技術對世界各地的海軍而言，仍是反潛艇及反水雷作戰時所用的關鍵利器。不過，經過這麼多年以後，我們發現聲納能做到的不只如此，如今這項最初設計用來從這個世界上奪走生命的科技，已經變成幫助生命來到這個世界的重要助力。在一九四〇年代末期，成千上萬的聲納員從戰場回歸家園，他們開始做各種試驗，試圖為這項技術開創出其他用途。最早採用此技術的是婦科醫生，因為他們很快就了解這種「醫療聲納」——這是它最初的稱呼——可以在無須動用侵入性探知手術的情況，用來檢測婦科腫瘤及其他贅生物。[2]

然而，聲納真正開始流行起來，是因為產科醫生得知，他們可以用這個方法看到胎兒及胎盤的影像，而且自胚胎著床幾週後就能夠看得到。這項科技讓醫生能夠直接看到寶寶的各個發育階段，這種能力在當時看起來想必非常神奇。不過，即使到了今天，大部分的人仍然不知道這些照片同時也能傳達出胎兒時期基因表現與基因抑制之間非常微妙的交互作用，這部分在我們的發育過程中扮演極其重要的角色。現在這種技術稱爲「胎兒超音波檢查」，可以讓醫生在第一時間內得以一瞥從前要到分娩後才能發現的遺傳失誤或異常。

在我們繼續進行下去，了解遺傳對發育的影響之前，先把時間回撥片刻，回答之前的問題：在二次大戰時擊沉鎳格林號的那艘德國潛艇，後來怎麼樣了？鎳格林號被擊沉後兩天，美國巡邏機發現了某個像是浮出水面之德國潛艇的東西，他們便朝著水面拋下浮標，標記出位置。就在德國水手拚命努力讓潛艇下沉到比較安全的深水處時，一艘同盟國船艇已經趕到之前潛艇被人看見的地方，運用剛出爐的聲納裝置，找到潛艇在水下的位置。有了聲納裝置提供的深度與方向資訊，巡邏機上的機組人員空投了三顆深水炸彈進入水中，讓這艘納粹潛艇像薄弱的鋁罐一樣開了花，沉入海底和鎳格林號做伴。[3]

一開始用來發現隱藏潛艇的聲納技術，如今居然毫無疑問地成爲協助寶寶來到這個世界的無價好幫手！不過，也沒有人料想得到，一項最初開發出來取人性命的技術，可以在功能完全翻盤之後，很快地再次變回選擇性取走性命的工具。我們爲了某個目的開發出來的科技，往往會發展出令人驚訝的其他用途。正如你可以想像得到的，在一些文化資產傳承給男孩多於女孩的國家，超音波的使用方式會變得極其引人爭議。當性別的價值並不對等時，能夠在分娩前告知父母寶寶性別的工具，就等於讓父母擁有了選擇自己孩子性別的能力。

這正是在中國發生的情形，多年來中國實施相當嚴格、有時甚至帶著強制性的人口控制政策，限制大部分的夫婦只能有一個孩子。中國傳統文化上的重男輕女，再加上一胎化政策，爲等待新生兒誕生的準父母帶來更大的壓力。結果不言自明，準父母藉助超音波檢查，有計劃地確認胎兒性別，如果是女孩的話便選擇中止妊娠，最後造成人口失衡，男性比女性多出三千萬人，[4]而且這樣的做法已經傳播開來。

事實確是如此，研究人員已經發現：只要超音波技術一推廣到中國某個原本沒有這種技術的地方，當地的男嬰及女嬰出生率的失衡情況，就會變得更嚴重。[5]超音波檢查也有助於鼓動另一種趨勢，和前述這種趨勢相較算是比較良性，而且此項趨勢至今方興未艾，連你都可能曾經插上一腳，有推波助瀾之罪。在美國，嬰幼兒性別特定服裝的流行，從戰後時期開始出現。隨著產前超音波檢查在各地廣泛實施而更加蔚爲風尚，親朋好友及工作同事就有更多時間能爲寶寶採購衣物，具性別特定性質的寶寶送禮會（baby shower）於焉而生——那是在嬰兒出生前兩、三個月爲準媽媽舉辦的派對。[6]

然而，在某些人眼中看到的是粉紅色與藍色、卡車與小貓、迷彩裝和蕾絲衣，在我看來，卻是實質上算是世上第一種廣爲採行的產前基因檢測對文化所產生的影響。畢竟，在上一世紀的大部分時間，我們普遍認爲就染色體層面而言，女性和男性的主要區別，只是後者擁有 Y 染色體而前者沒有。如今，產前超音波檢查帶給我們的，不只是一張未來子女的模糊照片，還包括對他們遺傳到的 D N A 提供粗略了解。

雖然超音波可以給我們相當精確的解剖構造資訊，例如一般而言寶寶的性別在懷孕第四個月時就能夠分辨得出來；不過，在已有試管嬰兒與肧胎著床前性別選擇技術的現代世界中，我們根本不必等那麼久就能夠獲知答案。因此，如果日益普及的新興醫學技術，並未伴隨著相對應主張男女平等之社會及教育倡議的話，情況有可能會變得更糟糕。當然，現在我們在懷孕之前或是妊娠早期，從最基本的那些基因檢測所能得到的大量資訊，告訴我們的絕對不只是性別而已。提到性別，我猜，你會以爲性別算是一件簡單的事情？其實不然。

超越 X Y 染色體

「寶寶是男生，還是女生？」通常得知某人的孩子出生後，你會開口問的第一句話就是這個，對吧？在大部分的時候，這個問題似乎只會有一個簡單的二選一答案。性別認同的取決因素，眞的就像彩虹那樣五顏六色、繽紛多彩，但在小嬰兒離開母親子宮第一次現身於世時，我們唯一看得到的，只有他們外在的「配管工程」，就像電影《魔鬼孩子王》（*Kindergarten Cop*）裡那個早熟的五歲小朋友跟阿諾・史瓦辛格（Arnold Schwarzenegger）飾演的角色所做的說明：「男生有陰莖，女生有陰道。」

然而，事實並非總是如此，如今我們會用「性別發育異常」（disorders of sex development，DSD）這個術語，來描述那些身體在生殖器官發育過程中選擇另闢蹊徑的孩童或成年人，這些「蹊徑」可以導致他們的外生殖器長得模稜兩可。舉例來說，大得非比尋常的陰蒂形似陰莖，而融合在一起的陰唇則和陰囊看起來有點像。就醫生而言，社會心理方面對性別的看法不但五花八門又變化多端，想要跟得上實在不是件易事；然而，同樣地，我們現在已經得知人體的性別差異，其實也像前述的心理層面那樣變化多端，這點讓傳統上基本而狹隘的性別模型「XY代表男性，XX代表女性」大大顯得老舊過時。

在這個性別仍然和一切——從名字、代名詞、服裝款式，一直到公用廁所的使用隔離——連結在一起的世界，任何曖昧不明的情況，都可能帶來明顯的難堪與驚愕，尤其寶寶的性別有不確定的問題將更是如此。這就是爲什麼醫生並不認爲「性別不明」只是父母該小小擔心的毛病，而是把這種情況視爲醫療急診等級的問題；也就是說，不論白天或黑夜，像我這樣的醫生都有可能接到呼叫，需要馬上過去會診。

讓我帶著你從頭到尾走上一遭，瞧瞧若是剛出生的寶寶被認爲有DSD問題，接下來會開始進行哪些程序。考慮到此問題即將牽涉的社會心理層面，我們通常會馬上放下手邊非緊急性的工作，趕過去和這些重要小病人的父母及醫療照護團隊見面。緊接著我們會從父母那裡盡可能蒐集最多的相關資訊，像是這個新生寶寶的家族樹，包括直系旁系長輩平輩晚輩上上下下所有的親戚，愈多、愈詳盡愈好。在這個程序中，我們會問很多問題，像是：那些還在世的親戚身體都健康嗎？有沒有人有習慣性流產的情形？或是，家中兒女有嚴重的學習障礙？父母輩、祖父母輩，甚至曾祖父母輩有什麼共通問題嗎？

這些問題不只能爲我們提供寶貴的遺傳訊息，也有助於提醒所有相關親人：新生寶寶源自這個大家族，是這個家族的一分子，還有最重要的一點：他或她，並不只是一個需要解決的醫療「問題」。然後，我們會把焦點轉移到身體檢查，也就是第一章所提到的那些畸形學評估，但是會注意更多細節。我們的脖子上垂掛著醫院專用的量尺，不時用手指飛快量出各部位的長度，我們會檢查寶寶的頭圍、雙眼間距、兩眼瞳孔距離、人中長度等，也會測量手、腳、臂、腿的長度，還要測量陰蒂或陰莖的長度，以及肛門的位置是否恰到好處。即使是嬰兒乳頭之間的距離，有時也能夠提供一些珍貴的訊息，讓我們更明瞭寶寶基因體的情況。最重要的是，在評估ＤＳＤ的時候，我們必須設法確認寶寶是否有全面畸形的問題。

看過我們進行這類檢查的人，常常都會開玩笑地說，我們看起來比較像是一位正在爲寶寶量身，以便縫製定製嬰兒服的裁縫，而不像是正在尋找不合常規之處的醫生。其實，所有人都會在某些地方不合常規，就臨床的角度而言，眞正重要的是，這些小得不得了或者有時較大的一些不合常規之處，究竟是如何結合在一起的。就算是最輕微的特徵，也可以引領你走向另一個全新的診斷方向，而且正如你即將看到的，即使是最小的細節，最終都可能徹底改變我們看待世界的方式。

男孩？女孩？

不管就哪一方面來看，伊森都是個漂亮的娃娃。他乖乖地躺在名牌嬰兒推車裡，看起來跟其他任何一個可愛的小寶寶沒什麼兩樣。[7]我們每個人各有其獨特的發育旅程，但是大多數人會共享相同的旅行路線，鋪設及塑造這段旅程的，則是我們在環境及遺傳上的機遇。這場旅程的開端，總是一個令人驚歎的美麗嬰兒——雖然那麼嬌小又那麼脆弱，卻充滿了那麼多的潛力。

在我面前沉睡的這個孩子，完全就像前述的那個樣子，但當時我並不知道這個孩子其實和我見過的其他寶寶並不相同；事實上，他和任何一個已出生的嬰兒通通都不一樣。有一點一定要特別提出來：伊森的胎兒超音波檢查一切正常。幾個月前，當他的母親開口問醫生自己懷的是男孩還是女孩時，產科醫生拿著超音波探頭，在她塗滿藍色傳導凝膠的隆起肚皮上滑動，看了胎兒的兩腿之間一眼。

女醫師說：「是個男孩。」

就所有的外表徵象而言，她當時說的並沒有錯。

伊森出生時，的確有一個可能令人擔憂、但也不是全然少見的性狀：大多數男孩的尿道開口，也就是小便流出來的地方，會是在陰莖頭的中央部位附近，不過伊森有尿道下裂（hypospadias）的問題，這表示他的尿道口不在一般的位置上，而是在距離陰囊更近的地方。

大約每一三五個男孩裡，就會有一個生下便具有某種形式的尿道下裂問題，他們的尿道口位置可以從陰囊附近，往上延伸到大多數男孩的正常位置，中間任何一處都可能出現。而且，一般來說，這種問題是很容易治癒的。[8]在大部分的病例中，做矯正手術時也會考慮美觀的問題，不過外科醫生有時必須犧牲掉包皮部分，作爲修補之用。有時候，患者的父母會決定某些輕微的尿道下裂只是不好看而已，並不需要動手術；但是，在一些較嚴重的情況中，這些小男孩可能會無法站著小便，只能坐著尿尿，此時手術往往就會因爲社會心理方面的理由而顯得更爲重要了。

除非出現尿流堵塞的情況，不然修復尿道下裂的手術，並不會被列爲極其緊急的程序。伊森出生幾分鐘之後，醫生便已注意到他的問題，不但知會了伊森的雙親，也告訴他們之後有哪些選擇；但在他們爲寶寶做完第一天該經歷的所有常規檢查後，院方就讓伊森隨父母回家了。他們告訴這對夫妻不必擔心，可以安排手術小組做後續會診，幾個月內就可以解決伊森的尿道下裂問題。

伊森的雙親的確很擔心，尤其是幾個月過去了，他們的兒子無論身高或體重，在生長曲線百分位上老是殿底。他們想知道自己還能夠做些什麼，好幫助兒子長到該有的尺寸。沒想到，這次一開始只是爲了檢查伊森成長狀況的例常約診，後來卻迅速變成全球規模的難題。

有鑑於伊森的個頭大小，以及看似良性的外表性狀，醫生要求做一項常見的基因檢測，叫做「染色體核型」（karyotype）檢測。這種測試需要取得伊森的一些細胞，放在培養皿中促進生長，再用特殊染色處理，讓染色體可以突顯出來。此時，情況開始明朗化了，伊森和在他之前便已出生的其他男孩及男人全都有點不一樣，因爲一般男性都會從父親那裡遺傳到一條Y染色體。過去也有人在基因上是女孩，卻發育成男孩的模樣，這方面的例子雖然罕見，但並非聞所未聞。這類孩子遺傳到一小片來自Y染色體的部分，上面包含一個稱爲SRY（sex-determining region Y）的區域，意爲「Y染色體性別決定區」。一旦出現這種情形，孩子的整體發育過程就會轉向男性的方向，而不是原本該走的女性方向。

爲了找到這片小小的SRY，在伊森的案例裡，我們該採行的下一個步驟簡稱爲FISH，全名是「螢光原位雜合法」（fluorescence in situ hybridization），在這種檢測法中使用的分子探針，只會和互補的染色體部位結合。我們預期，在伊森的案例裡，會看到針對SRY區域的FISH檢測出現陽性反應，就像其他類似案例的反應一樣，但結果並非如此。事實上，伊森不僅沒有從父親那裡遺傳到整條Y染色體，甚至連一丁點顯微鏡等級的最細微痕跡也找不到。這點從已知的遺傳學來看，完全無法解釋伊森爲什麼會長成男孩。

其實，如果根據攤在我辦公桌上的遺傳學課本，伊森眞的應該是個女孩才對。

「是個男孩！」這是伊森的父母——約翰和梅麗莎——之前極其渴望聽到的話。等到他們確實聽到這句話時，兩人都開心極了。而且，幾乎他們整個家族的人都一樣開心，尤其是約翰的雙親，他們是來自中國大陸的第一代移民。遠在一胎化政策實施之前，中國人原本就認爲生男孩會帶來好運，所以當他們得知梅麗莎懷的是男孩時，更是特別高興。

不過，他們實在也是有點保護過頭了。梅麗莎每天上班時，至少會接到一通約翰母親打來的電話，一方面詢問她的健康狀況，另一方面則是反覆訓示依照他們家的文化傳統，梅麗莎不該做哪些事、不該想哪些問題、不該吃哪些東西。禁止的食物可以列成長長一張清單，其中包括兩項梅麗莎的最愛：西瓜和芒果。但這還不是全部，梅麗莎得到的告誡還包括避免把尖銳物體，例如剪刀或刀子等，放在床上。這不只是因爲怕梅麗莎不小心刺傷自己，也因爲約翰的母親從小所受的教育讓她相信這麼做會帶來壞運氣，這類不好的兆頭可能會導致嬰兒出現「兔脣」，也就是如今我們所說的脣裂或顎裂。

梅麗莎並不是特別迷信，但是她很努力避免任何不必要的家族衝突，所以她盡力遵守所有禁忌。但是，只有在某個方面，她覺得一定要劃清自己的底線，或者至少在私底下要做到這點：隨著肚子愈來愈大，梅麗莎也愈來愈渴望大吃一頓西瓜。她想，她只要在公婆來訪之前，趕快把吃剩的綠色西瓜皮和黑色西瓜子藏好，一切應該都不會有問題。結果，她婆婆竟然主動「自願」去倒垃圾，然後就發現垃圾袋底部有西瓜皮及引人注目的紅色汁液。一場巨大的風暴隨之來襲，不管梅麗莎怎麼說，都無法讓婆婆消氣，最後她乾脆直接道歉，並且答應到分娩之前，都會遠離那些「水果殺手」。不過，她也同時暗自在心裡面發誓：下次偷吃完點心，在拋棄證據時，一定要加倍小心。

即使梅麗莎明白婆婆的擔憂完全不合情理，但在我告訴她寶寶的基因出現特異例外情況時，她還是忍不住提出內心的疑惑，懷疑這些家族迷信有沒有可能是真的。我之前從未聽說過，有人對西瓜有這種特別的忌諱，但她的焦慮倒也不是什麼少見的情形。所有父母在得知孩子有遺傳性疾病時，第一個問題通常都是：「醫生，是不是我做了什麼事，才會造成這樣的結果？」

每當遇上這樣的狀況，我都覺得自己有義務幫助這些父母緩解這種錯置的愧疚感。與其探討究竟「什麼地方出了錯」的所有可能性，我反而選擇努力把討論範圍限制在已經得到科學確認的部分。當然，要這麼做，我通常需要對病情已經有點概念了才行，但就伊森的案例而言，至少在一開始的時候，我可是一點頭緒也沒有。

剩下來的不管多麼令人難以相信，也必然就是眞相

對於伊森的情況，我們最先想到的可能之一是「先天性腎上腺增生症」（congenital adrenal

hyperplasia, ＣＡＨ），這類遺傳疾病（由少數幾個基因所導致）會讓女性的外表看起來像男性。有ＣＡＨ問題的人天生無法自行製造足量的皮質醇——這是一種類固醇荷爾蒙——一旦身體確認皮質醇不足，他們的腎上腺就會受到刺激，力圖製造更多荷爾蒙。然而，問題就出在這裡，因爲增量生產出來的，不是只有這一種荷爾蒙而已，還包括了性荷爾蒙。

在一些ＣＡＨ的案例中，有種基因版本叫做CYP21A，可以導致女童和少女長出嚴重痤瘡、過多體毛，以及肥大的陰蒂；在某些情況下，肥大的陰蒂在出生時，可能會被誤認爲陰莖。這就是爲什麼ＣＡＨ是性器官不明（ambiguous genitalia）最常見的原因之一，因爲它會導致女嬰看起來比較像男嬰。遺傳到這個基因也會造成雄性素（androgen）過高，因而干擾正常排卵週期，使得罹病婦女不容易懷孕。大約每三十名德系猶太人或每五十名拉美裔血統的女性中，就會有一個人遺傳到會引發ＣＡＨ的基因，其他種族的女性罹患率比較低一點，但很多人根本不知道自己有這個問題。[9]

想知道答案，你並不需要進行基因檢測，現在有一種比較簡單的血液檢驗，可以測知受試女性是否罹患這種形式的ＣＡＨ，但這並不是醫生例常會要求進行的檢驗。結果，許多女性往往耗費數年時光接受效果不彰的不孕治療；更不用說，還白白浪費了數千美元的治療費用，才得知自己是因爲這個問題才無法懷孕。而且，這根本不是不孕的問題，而是一種遺傳疾病，只要用叫做地塞米松（dexamethasone）的藥物，就能夠簡單達到治療效果。

那麼，伊森的案例究竟如何呢？他的情況會不會是一種少見的CAH明確形式？經過短暫的討論後，我們迅速從黑板上把這個可能槓掉了；造成CAH的基因突變雖然會讓女孩變得男性化，甚至讓她們一出生看起來就像男孩，但有一件事是這種問題做不到的，那就是變出睪丸來。經過目視檢查和睪丸超音波檢查後，我們確認，伊森眞的有兩個正常成形的睪丸。

雖然還有少數更爲罕見的疾病，可以造成像這種類型的XX性別倒錯（XX-sex reversal）現象，但是沒有一種和我們在伊森身上看到的情況一致。我們只能把已知可以造成伊森這種情況的原因通通列出來，然後從很可能到不大可能一個接著一個慢慢考量評估，確認無誤後再把它們從清單上劃掉。

最後，我們團隊都一致同意這個由柯南．道爾爵士（Sir Arthur Conan Doyle）借福爾摩斯（Sherlock Holmes）之口說出來而揚名於世的概念：「當你排除一切不可能的因素之後，剩下來的不管多麼令人難以相信，也必然就是眞相。」然而，刪去所有不可能的情況後，留下來的原因實在太不可思議了，我們花了很長的時間，才有辦法接受它或許確實是眞的。也許，我們對於「性別」的看法，一直以來都是錯的。

長久以來，我們相信的教條一直是：儘管染色體會決定我們是男還是女，但是在發育的起點時，所有人都是一樣的；如果我們遺傳到一條Y染色體，或甚至只是Y染色體很小的一部分，就會讓我們改道而行，踏上成爲男性的路徑，但若沒有Y染色體，我們便會繼續依循原本的遺傳道路往前走，變成女性。然而，在伊森身上，正如我們所看到的，並不是這樣的情況，因此我們開始懷疑遺傳上的傳統思維，恐怕眞的錯了。

大部分運用早期染色體核型檢測方式蒐集得來的資訊，就像最早送上天空繞地球運行的那些間諜衛星一樣，影像粒子粗糙、解析度不佳，基本上相當於從一哩高的天空中一窺我們包得緊緊的基因。就算回溯到幾十年前，這種檢測可以告訴我們的，也只是構成染色體之長短臂上較大段的部分有沒有缺失。[10]就某種程度而言，進行染色體核型檢測有如走進一家古董店，盯著擺放整套百科全書的書架瞧，只要迅速瞥上一眼，你就可以藉著上面標示的冊號判斷是不是每一冊都在那裡。染色體核型檢測正是如此，它提供的是一張快照，讓我們確認四十六條染色體是否都存在，但這樣的檢測完全不可能告訴我們的，就是所有那些「印」著基因的書頁，在那一刻是不是眞的通通安全而完整無缺地留在書皮內。

最近幾年，研究基因體的這類檢測解析度已大幅提高，我們現在也可以使用另一種更爲詳盡的研究方法，叫做「微陣列比較基因體雜合法」（microarray-based comparative genomic hybridization）。用這種方式，我們可以眞的把某個人的DNA像拉鏈那樣「拉開」，然後和已知的DNA樣本混合在一起。透過比較兩者，我們可以辨識出DNA的小段有沒有缺失或重複；這種檢測可達成的目標雖然和染色體核型檢測一致，但精細的程度提高到令人驚歎的地步。[11]

無論如何，如果你想要獲得更多的資訊，甚至詳盡到基因體中每一個字母的程度，那你需要的就是做基因定序；如此，我們看到的將不只是你的染色體，而是可以在幾十億個個別的核苷酸——腺嘌呤、胸腺嘧啶、胞嘧啶、鳥嘌呤——組成的序列中尋找罕見的變化。

至於伊森，我們發現了一個完全出乎意料的特別之處：在他的X染色體上，有個叫做SOX3的基因發生重複現象。長成女孩的嬰兒有兩條X染色體，所以你會預期她們有兩個SOX3的基因；事實確是如此，但通常每個細胞裡的兩條X染色體中，有一條會隨機關閉或是「沉默」，這點得歸功於名爲XIST之基因的產物。有趣的是，伊森的基因重複現象，爲SOX3基因提供了一個從非沉默的X染色體表現的額外機會。正如我們在第六章看到的案例，梅根額外多遺傳到一個代謝可待因的基因；但擁有多出來的基因，可能會更動或改變蛋白質產物的總量，在梅根的情況中造成藥物過量，讓她因爲可待因而喪了命。

事實證明，多了一個SOX3基因對伊森產生顯著影響，因爲SOX3基因中有將近九〇%的核苷酸序列和SRY區域相同，而SRY區域是Y染色體上的一小部分，在變成男性的旅程上具有關鍵性路標的作用。由於兩者的相似度實在太顯著，所以SOX3很有可能是SRY在基因上的先驅，它們的不同之處主要在於SRY只存在Y染色體上，而SOX3則存在於X染色體上。

福爾摩斯可能會這麼說：好戲上場囉！就像老棒球選手暫時跳脫退休生涯，復出加打一場比賽一樣，SOX3基因也具有爲SRY代打的能力。只要在正確的時間點，把它擺在正確的位置，再遇上正確的情勢，它就可以把女孩變成男孩，完全不用管Y染色體是否存在。一切都要感謝伊森，才能讓我們看清楚這些來龍去脈。

時至今日，我們已經知道另有少數人，也擁有和伊森雖非全然一致、但極爲相似的基因構成。更複雜的是，我們還得知有人就像伊森一樣，遺傳到重複的SOX3基因與「女性」的XX染色體組成，卻發育成身體結構完全正常的女性。那麼，伊森究竟爲什麼會如此不同？

如果你在三十五年前告訴一位遺傳學家：只需要讓老鼠食用葉酸，就能開啓或關閉牠的基因，把纖瘦的褐色老鼠變成肥胖的橘色老鼠，而且讓這種改變可以遺傳給後代，你得到的應該會是一頓嘲笑。在我們愈來愈了解身邊這些嶄新而瞬息萬變的遺傳景觀後，我們也被迫勢必得保持開放的心胸。傑托的刺豚鼠只不過是一個很小的例子，可以證明單是一項環境因素，就能對基因體產生多麼大的影響力。

實驗室老鼠的生活經過操控，只受單一因素影響。當然，我們的生活鮮少如此，總是會有一堆跨越廣闊範圍的多種可變因素彼此互動，其錯綜複雜往往超出我們的科技、甚至智力所能掌握，令人望之汗顏。事實上，即使用上現在所有的先進遺傳學工具，我們還是不知道爲什麼伊森會變成男孩，而其他遺傳到類似基因構成的人，卻乖乖依循原本的發育路線長成女孩。不過，我們知道在許多其他的情況中，例如患有ＮＦ１的同卵雙胞胎亞當和尼爾，並不需要有太多影響因素，就足以決定基因究竟會踏上表現或抑制的道路，然後永遠改變我們的生命歷程。

影響我們性別發育的遺傳因素及表觀遺傳因素範圍如此遼闊，我們到目前爲止的進展，也不過等於剛剛觸及表面而已。然而，對大多數像伊森這樣的孩子來說，他們感受到的影響仍然是以極度二分法的方式表現：男孩還是女孩？是他還是她？粉紅色或藍色的？不過，事情並非一定得是這個樣子的。

第三種選擇

我第一次遇到「人妖」（kathoey），是因爲參加了人口與社區發展協會（Population and Community Development Association, ＰＤＡ）所舉辦的愛滋病毒預防計劃，這個機構是一個在泰國進行工作的非政府組織。

她的名字叫婷婷，每天晚上在離我負責的教育攤位僅有幾步之遙的地方工作，那裡是曼谷舉世知名的紅燈區：帕蓬（Patpong）。ＰＤＡ在泰國的工作目標之一，是提高保險套的使用率，以防止愛滋病毒傳播，這點對城市裡的性工作者當然格外重要。婷婷的工作目標則略有不同，她需要盡可能引誘更多願意花錢的客人走進當地俱樂部，裡面演出的是帶著滑稽歌舞雜劇風格的色情秀。雖然她穿了高跟鞋，但婷婷的個子在泰國女子之中的確算是相當高的；在這個性工作者多如蜂屯蟻聚的地方，也許就是因爲身高，才讓她顯得格外突出。

帕蓬崛起於一九四〇年代末期，這裡原本是曼谷的郊區，到了越戰時期，才眞正邁開大步脫離破陋面貌，因爲幾百名美國大兵很樂意把假期和美金花在這裡，做那些士兵們向來愛做的事。如今，這裡還是帶著一股敲遊客竹槓的調調，跳蚤市場與性遊樂場所充斥著永無休止的嘉年華會氣息。許多像婷婷這樣的女子，不時在各家俱樂部的門口出出入入，有的是爲俱樂部工作，想要多誘惑一些外國男士或是愛嘗試性冒險的情侶檔踏進門內；有的則是個人工作者，努力引誘想要多花點錢找樂子的人。

一連幾天，婷婷打量著我的教育攤位，但是一直沒有走到我們的桌子前面來。直到有天晚上突然下起傾盆大雨，她匆匆跳著過來──儘管街道濕滑，而且腳上還穿著七吋高的高跟鞋，但她的姿勢還是相當優雅──彎身躲進附近的雨篷。

她拿起一張我工作的協會準備的傳單，漫不經心地翻到印著泰文的那一面。

「所以，你結婚了嗎？」她用算是很好的英語問我，但是聲音比我預期的低沉許多。

大雨下了三十分鐘左右，我們一直聊到雨停。和婷婷談天的這半個小時內，讓我得到豐富得驚人的資訊。下列是她透露的部分內容：在泰國，被視爲人妖者大約有二十萬人左右，其中有一些是變裝癖者，一些正等著動變性手術，其他的則是已經做過手術，完全從男性變爲女性的變性人。很多泰國人，甚至連社會上最保守的一些人，都已認同人妖是「第三性」。

但不是，並非所有人妖都是性工作者；在泰國社會的各個階層，都有變性人擔任工作，從服裝工廠、航空公司，甚至連泰拳的格鬥場也有。這是眞的，泰拳冠軍帕莉亞（Parinya Charoenphol）可說是泰國最出名的變性人，她原本是一名僧侶，踏入泰拳職業生涯是爲了籌措足夠資金來動變性手術。有時她抵達格鬥場前會先化上妝，在迅速擊敗對手後，還會給對方一個賽後之吻。但這並不是說人妖在泰國不須面對明顯歧視，她們眞的會遭到歧視；畢竟，目前並沒有任何規定，可以合法地將一個人的性別從男性改爲女性，即使是那些就基因而言確實是女性的人也一樣。在一個每年會徵召大約十萬名年輕人服兵役的國家，這個情況過去的確曾經引發一些問題。

那些仍在尋求變性手術者，也有其他的問題。泰國的變性手術依西方標準來看相對便宜，這就是爲什麼全世界想要變性的人最流行到泰國來動手術。但儘管手術費用不算貴，對大多數泰國人來說仍是天價，許多人妖在絕望之餘，只能淪爲從妓來設法完成動手術的夢想。

這就是婷婷的故事。她出生於泰國東北部孔敬（Khon Kaen）的貧窮農家，十四歲時搬到曼谷開始自謀生路。在我們見面的那個時候，婷婷二十四歲，仍在爲手術努力存錢，但她很久以前就已經接受這件事也許永遠無法成眞的可能。她每個月還會寄錢回家給父母，她告訴我：「在我們家鄉，由兒子來養家是理所當然的事。雖然對我爸媽來說，我現在比較像是個女兒，但我還是覺得自己應該負起這個責任。」

在接下來的幾週，在偶爾和婷婷閒聊的過程中，我又學到了更多東西。我成爲她進行中的畸形學課程的學生，學的是辨識人妖的最佳途徑，這實在是太有趣了！

有天晚上她這麼說：「拿我當例子，最好的起始點就是從身高判斷，這是你的第一個線索。」

她說得沒錯，無論哪個種族，就遺傳上而言，男性都傾向於明顯高於女性。

「好吧，」我說，手指著一個站在對街酒吧前，個子比較矮的女孩：「那麼，那邊那個女孩呢？」

「人妖，」婷婷說：「你看她的喉嚨，你可以看到一個大的……你們怎麼稱呼這個東西？」

她把頭往後仰，指著自己的喉嚨。

「喉結，」我回答。

「沒錯……那個，」她說：「就是第二條線索。」

就遺傳學而言，她再一次說對了。喉結是喉頭的突起物，英文俗稱「亞當的蘋果」(Adam's apple)，是雄性荷爾蒙造成的結果，它會在青春期改變基因的表現，誘發組織成長。

「呃……可是對我來說，第一條線索是妳的聲音，」我說。

「聲音是很容易騙人的，」她這麼說，而且把聲音提高了兩個八度，完全推翻了她之前從喉結內部發出的那種低沉嗓音。

「好吧，」我說，手又指向另一個女孩，她是我這個攤位的常客：「那麼妮特呢？她個子矮小，我從來沒看出她有喉結，而且她的聲線很高。」

「人妖，」婷婷說。

「妳確定嗎？」

婷婷看著我，會意一笑；她始終是個很有耐心的老師。

「當然看得出來囉！你瞧瞧她走路時胳膊擺動的樣子，」她解釋道：「看到她的手臂了嗎？打得那麼直，像個男人似的。你看到的可不是一位天生的淑女，她出生時是個男的，然後她全身都動過手術，眞是個幸運的女孩！但是，手肘是絕對不會說謊的。」

婷婷所說的叫做「提攜角」（carrying angle），是男女之間極微小的差異；女性的前臂和手部在肘部彎曲時會比較偏離身體，你也可以站在鏡子前，模擬屈起手臂捧住托盤的模樣，來查看自己的提攜角。不過，就算你發現自己的提攜角比較明顯，但你湊巧是位男性，其實也不用太過在意。婷婷的說法很有道理，提攜角愈大，你愈可能是女性，但是這個部位也和我們身體其他許多部位一樣，在每個人之間有很大的差異性。

不一樣也是一種常規

泰國並不是唯一一個微妙的性別觀點如此盛行的國家，在二〇〇七年之前，同性戀關係在尼泊爾是非法的，但是到了二〇一一年，這個大約只有二十七萬居民的南亞小國創造了歷史，成爲世上第一個在人口普查中計算的不只是男性與女性，還包括「第三性」人數的國家——「第三性」指的是所有覺得自己不適合完全歸類在男性或女性這兩種性別的人。

在尼泊爾附近的印度和巴基斯坦，也有一群被稱爲「海吉拉」（hijras）的人，同樣已經獲得大衆的特別認可，這些人在生理構造上是男性，但自覺是女性，其中有些人曾做過去勢手術。早在二〇〇五年時，印度的護照發行機構便開始允許海吉拉在官方文件中擁有獨特身分，巴基斯坦自二〇〇九年起亦起而效之。

所有這些地區與世上其他地方的關鍵性差異，在於人們早已明白性別認同——或缺乏性別認同——並不是個人可以做出選擇的問題。雖說這種概念對某些很不幸仍須面對偏見的人恐怕未能產生絲毫影響，但的確已在這些相對保守的社會中，爲那些不符合傳統性別角色二分法的人鋪了路，至少在法律上爭取到承認，也提供了一些保護措施。

有件事很重要，一定要說明清楚：我們在此討論的，並不是那些從西方社會學到對性別易變性抱持更自由、更現代觀念的個人或群體；尤其像是我們提到的「海吉拉」，他們可是在印度和巴基斯坦已有四千年歷史的特殊族群。[12]

「去勢」當然並不是南亞才有的現象，在幾十種文化中都可以見到它的蹤跡，甚至包括一些比較現代的西方文化。舉例來說，在十六世紀至十九世紀之間的義大利，便有就算不成千至少也上百的年輕男孩，爲了音樂的緣故而動了摘除睪丸的手術，這樣的男孩被稱爲「閹伶」（castrato）。如今，大概沒有多少人聽說過吉傑羅（Gizziello）、多梅尼奇洛（Domenichino）、卡瑞斯提尼（Carestini）這些名字了，不過在十八世紀時，這幾位家喻戶曉的閹伶，把聲音凍結在青春期之前的狀態，結合了男性的肺活量與女性的音域範圍，可說是義大利歌劇明星中的超級A咖。音樂家韓德爾（George Frideric Handel）特別喜歡閹人歌手，他寫了好幾齣歌劇，包括《里納多》（*Rinaldo*）在內，都是以閹伶爲主角。

流傳至今的閹人歌手錄音並不多，目前還找得到的都是發明家愛迪生（Thomas Edison）爲歌手亞歷山卓・莫雷斯基（Alessandro Moreschi）所錄製的版本。這位歌手在梵蒂岡的西斯汀教堂合唱團（Sistine Chapel Choir）中擔任第一女高音一職達三十年之久，一直到他一九一三年時退休爲止。[13]莫雷斯基於一九二二年過世，享年六十三歲，依現在標準來看死得有點早，但是在那個時代，他活得已經比當時義大利人的平均預期壽命長上十幾年了。

這可能不是一個巧合，有一項針對在韓國李朝（Chosun）宮廷中工作的太監所做的研究顯示，他們不僅嗓音獨特，連壽命也比在宮廷中工作的其他人長上數十年，甚至活得比皇室成員還要久。這種現象，研究人員認爲正是一項證據，表示隨著年歲漸長，雄性荷爾蒙——例如睪固酮（testosterone）——可能會藉著基因表現及抑制這兩種改變方式，來破壞你的心血管健康或削弱你的免疫系統。[14]

當然，我不是鼓吹用去勢的方式來多增添幾年壽命，我想說的是：我們的性別生物學表現並不是只和基因上的性別有關，而是基因、時機與環境結合形成的獨特結果。正如我們接下來將會繼續看到的，那些不管是出於什麼原因而偏離正常規範的人們，總是能夠教導我們很多東西。而且，我說的並不是像伊森這種在幾十億人中才出現一個的特例，在這個世界上還有其他幾億人在遺傳學、生物學、性別或是社交方面，並不符合傳統對陽剛或陰柔的刻板觀點，這些人都能夠讓我們學到許多知識。

我們愈來愈明白一件事，那就是人類基因敏感的程度著實驚人。不論是飲食習慣的改變，還是曝曬於陽光下，或甚至是遭人霸凌，我們的生活都會不斷地發出訊息通知我們的基因遺傳，等到基因表現或抑制的展現時機一成熟，往往並不需要多大的改變，就足以讓整個局面全然翻盤。

以伊森的案例來看，歸根究柢而言，把他從一個女孩變成了男孩，所需要的遺傳物質不僅沒有一整套百科全書那麼複雜，恐怕連單冊百科全書的程度都達不到。一切的改變，只源於在發育過程的恰好時機中，出現了一點點額外的基因表現：伊森的SOX3上只不過是多了那麼小小的一槓，就永遠、徹底地改變了我們原先對人類發育的許多看法。

你也許聽過這句英文諺語：「那些已成過往的，以及即將面對的事物，與深藏於我們內在的東西相較，都屬於芝麻小事。」（What lies behind us and what lies before us are tiny matters compared to what lies within us.）[15]這句話當然很有道理，但我們現在學到的卻是：我們內在的那些芝麻小事不但和我們的過去大有關係，也對我們的未來大有影響，而且產生作用的方式恐怕完全超出我們之前的想像。

文化背景同樣可能對整體性別概況產生顯著影響，舉例來說，讓我們再次審視在中國發生的情況：由於超音波檢查爲愈來愈多的人提供胎兒發育狀況，這些基本資訊足以辨識出性別，使得比較想生男孩的父母得到機會扼殺數百萬女嬰的出生可能。請記住，這可不是醫療聲納最初開發出來的目的，它的目標原本是要幫助生命平安來到這個世界的。如今，一些中國父母利用產前超音波檢查來選擇生男而不生女的方式，的確讓許多西方人感覺很不舒服；然而，在我們目前生活的世界裡，藉著基因檢測就能在懷胎前或妊娠期間左右「要」或「不要」的其他因素還多著呢，性別只不過是其中一項而已。

像伊森、婷婷、理查、葛瑞絲這樣的孩子，以及所有我曾在本書提到的其他人，更不用說還有幾百萬、幾千萬個跳脫一般社會、文化、性別、美學、遺傳常軌的人，現在都可以藉著基因檢測辨識出來，並且可以像躲藏在加勒比海中的潛艇那樣被消滅掉。我們眞的已經準備好迎接這樣的世界了嗎?正如我們即將看到的,在奮力追求更完美基因遺傳的過程中,我們可能會淘汰掉爲數遠遠超過數百萬以上的人們,只因爲他們不符合我們所創造的社會規範。然而,這對我們一直努力試圖解決的諸多醫療問題而言,實際上很有可能正好將所需的解答完全抹殺。

11 罕見疾病告訴我們的事

到目前爲止，你對於所有這些看似無關緊要、實則令人驚歎的遺傳事件，必須在適當時機以正確順序出現，才能讓一個小寶寶順利出生的這個事實，應該更有概念了吧！這樣的情況，在寶寶出生後的第一天、第一週，甚至第一年，仍然需要繼續維持下去，在接下來的每一個日子當然更不用說啦！

這個孩子會經歷青春期，踏進成年期，然後生兒育女、爲人父母，接著走過那些邁入中年帶來的變化。而我們從前面的章節中已經明白：所有我們面對的生物學、化學和放射性影響，全部都會結合起來，一天接著一天慢慢改變我們的基因。

然而，最容易被我們忽略的，就是那些持續進行的生物學反應。從心臟跳動到肺臟每次呼吸時充滿空氣，生命中大部分的生物學過程及遺傳結果展現，都是毫不引人注意地默默進行。通常只有在生理機能超載到極點的時候，你才會意識到自己的心臟跳動，似乎從出生之前開始跳動後就從來沒有停下來過。當你因為忽然驚醒、感到緊張，甚至正在運動而心跳加速的時候，你的注意力會轉移到體內正在發生的事情上，但你通常可能不會想到即使光是一個特定改變，都需要經由許多遺傳及生理機制共同協調、同步產生影響才會發生。正如我們之前已經知道的，我們的基因體總是會和周遭的生活環境互相呼應，無時無刻以基因表現或抑制的方式產生反應，在我們需要的時刻提供所需。

這些生理事件有的平凡無奇，例如創造出小小的分子機器，以酶這種形式現身，來幫助你消化早餐；有些時候事件比較重大，像是要求基因體提供製造蛋白質所需的模板，以便生成作用有如結構支架或鷹架的膠原蛋白，幫助你從手術帶來的身體創傷中盡快痊癒、恢復健康。我認為最可惜的就是，只要事情進行順暢，我們在清醒時大部分的時間都是活在幸福的無知狀態裡，完全不清楚是哪些基因細節在支撐身體內部的運轉，也懵然不覺即使在休息的時候，我們的身體仍然保持恆定的運作狀態。往往只有到自己或是所愛的人出了可怕的差錯，我們才會比較明瞭所有這些錯綜複雜到教人難以置信的謎樣事件務必順利發生，而且還得日復一日不斷地如此進行，才能讓我們從受孕撐到出生，然後一路順利活到眼前這個時刻。

就像日式紙屏風透映出來若隱若現的影子一樣，我們偶爾也有機會一瞥身體內部運作的風光。像是興奮的時候，可以感受到脈搏加快；受傷後可以看到傷口結痂，然後慢慢癒合消失。這些我們不以為意的現象，都需要即使不成千至少也上百的基因不斷表現及抑制才能順暢發生，直到另一些無法避免的情況出現為止。

就算家裡的水管開始漏水，只要還沒到裂開或爆開的程度，我們通常不會仔細思考牆壁後面或地板下面究竟有些什麼東西。然後，等到水管眞的爆了，此時我們滿腦子所能想到的，恐怕就都是這回事了。生命也是如此，在大多數的情況下，我們的身體在維持存活所需的方面要求並不高，每天只要幾千卡熱量、一點點水，再加上一些輕度運動，就這樣而已。想要維持我們寶貴的生命，只需要付出這樣的代價。

在大部分的情況下，我們的身體甚至就像一位謙沖低調的私人教練或營養師那樣，扶持著我們向前邁進，以各種分子信號發號施令，溫柔地（有時沒那麼溫柔）提醒我們該吃飯了、該喝水了、該睡覺了。我們的身體藉著派遣這些小小的傳令員，來督促我們乖乖守規矩，但這個平衡狀態始終是處在一種很不穩定的情況。假如我們忽略這些需要，或者沒有辦法充分滿足這些需求，我們的身體就會變得焦躁不安，直到需求獲得滿足為止——只要想想上一次你急著想要如廁，卻找不到廁所的經驗，就會明白了。這一切都發生得那麼毫不費力，使得我們大多數人在有生之年的大部分時間，都是生活在對生理及遺傳幾乎全然無知的狀態。

除非事情開始稍微走樣，不然眞的很難辨認怎樣算是正常。接下來，我們即將清清楚楚地看到一切，你的感受將會像是除下眼罩之後，才明白自己的雙眼從前都被蒙蔽了那樣。

強尼・戴蒙基因

在這整個星球上，沒有任何一個人會和你一模一樣。不過，讓我再說清楚一點：即使你在基因上的確獨一無二（除非你有個同卵雙胞胎，不過就算如此，你倆的表觀基因體仍然可能大相逕庭），但是世上還是會有很多人可能與你十分相似。

有時候，僅是極其微小的基因變化，就像上一章的伊森那樣，便足以大幅影響並改變我們的生活。而且這些變化有的實在太過獨特，極難在世上找到另一個有相同情況的人。如果你是一個遺傳學家，單是研究及尋找究竟是哪些東西造就一個人的獨特性，就已足以改變你對其他人類的看法。假如許多遺傳學家夠幸運，都能在這方面有所發現，那就有可能帶來新的治療方法，造福世上數以百萬計的其他人。

這也許就是罕見之事帶給我們的禮物，藉著了解究竟是什麼東西讓這些基因例外者與衆不同，我們將能得到完全不一樣的視角以審視自己的生命。一位患有罕見遺傳性疾病的人，可以提供我們驚鴻一瞥的機會，讓我們憑藉所得資訊建立觀看基因自我的新方式，再爲世上其他人清出一條通往醫學發現與治療方法的無障礙大道。這就是爲什麼我要你見見尼可拉斯，就許多方面而言，尼可拉斯可說是一位年輕的老師，因爲他的存在根本就是一件非常不可能的事。他罹患一種世上極其罕有的疾病，稱爲「毛髮稀少—淋巴水腫—毛細血管擴張症候群」（hypotrichosis-lymphedema-telangiectasia syndrome，HLTS），我們知道自己能夠從他身上學到許多東西。

現在，你不必是個訓練有素的畸形學家，也可以一眼看出尼可拉斯的確和常人相異。不過，你可能還是會需要一個像我這樣的人，才能指出這種差異究竟有沒有已知的遺傳基礎可以提供解釋。尼可拉斯有著明亮的藍眼睛，以及一張似乎永遠處於沉思狀態的臉龐，但這個好看的孩子也是會展開笑顏的，他的笑容如此燦爛、如此具有感染力，讓你不由得跟著笑開了懷。他還是個少年，但是他的性情給你的印象，會讓你覺得他擁有的智慧遠遠超過他的年紀。

這些特色如此引人注目、讓人印象深刻，使得你乍見之下，幾乎不會注意到那些在病名中明白指出的其他症狀：毛髮稀少，表示缺少毛髮；淋巴水腫，代表持續處於腫脹狀態；而毛細血管擴張，意指皮膚表面布滿蜘蛛網狀的血管。稀稀落落的髮絲（尼可拉斯只有在頭頂上長了少少幾綹薑黃色的頭髮），還有蜘蛛網般的靜脈在皮膚上隱約可見，這兩項主要只是美觀上的問題。這麼說不代表這些問題不重要，但此兩者都不會對生命構成威脅，不過腫脹可就是另外一回事了。

在正常情況下，當我們過著一般日常生活的時候，我們的身體很擅長讓積聚身體組織內的各種體液有條不紊地流動全身。有時候，爲了因應感染或受傷，這類體液會在同一處停留久一點；幾乎每個人這輩子多多少少在某個時間點都有過這樣的經驗，如果你曾經扭傷過腳踝或手腕，想必很清楚那是怎麼一回事。稍微腫脹是癒合過程中極為常見的一種現象，而且這種現象通常對身體是有好處的。不過，在HLTS患者的情況中，腫脹並非受傷引發的反應，而是持續發生的症狀，似乎是因為淋巴系統受損所造成的，這可完全稱不上健康。

HLTS是極為罕見的問題，全世界受此疾病侵害者不到十幾人，前述所有症狀一起出現對罹病者而言是很常見的情況，但尼可拉斯還同時出現腎功能衰竭的問題，使得他有換腎的迫切需要。據我們所知，這點和其他確診為HLTS的患者相較可以說是「不正常」的，這正是我們之所以展開一場環遊世界之旅以尋求合理解釋的原因。

這趟旅行和其他許多旅程一樣，是從一張地圖開始，只是這張地圖上包含的並不是公路編號和街道名稱，而是一個特定的基因地址。就我們當時所知，這個地址只有在尼可拉斯的基因體裡找得到，我們把這些DNA序列的所有字母排列起來，與已知未罹患HLTS者的基因體比對，觀察兩者相異之處，可以看出HLTS顯然是一個叫做SOX18的基因產生突變或改變所造成的結果。

有時，我會想和自己研究的這些基因交個朋友，為了做到這一點，偶爾我會給它們取綽號。這個基因我想把它命名為「強尼・戴蒙（Johnny Damon）基因」，強尼・戴蒙這位曾經留著毛茸茸落腮鬍的棒球員，在為波士頓紅襪隊（Boston Red Sox）效力時背號是十八號，後來一度轉而投效紅襪隊傳說中的競爭敵手紐約洋基隊（New York Yankees），背號仍然是十八號。

洋基隊招募他入隊，是因爲他們對戴蒙能爲球隊提供的貢獻有所期待。當時，戴蒙在職棒界打球超過十一個賽季都有點二九〇的打擊率，盜壘功力也一直是敵隊的一大威脅，外野守備能力更是堅若磐石。對基因或球員而言，有一點兩者都是一樣的：如果你知道一個球員以前的成績，那麼要預測他未來的表現就容易多了。戴蒙在洋基隊打了四個賽季，繼續維持接近點二九〇的打擊率，但是在洋基隊主場布隆克斯區的最後一個賽季中，他被三振了將近一百次（眞是個不幸的個人紀錄），盜壘次數少於他的職業生涯中的任何一季，失誤次數又在美國聯盟（American League）外野手中居冠。到了二〇〇九年賽季結束後，戴蒙成爲自由球員，洋基隊拒絕重新把他簽下來。

基因的運作情況也像這個樣子，一旦我們明白某個特定基因在正常情況下該有什麼樣的表現，就很容易設定出基準點，並且看出它的表現何時不如預期或是超乎水準。所以，就SOX18而言，患有ＨＬＴＳ的人們正有助於突顯這個基因正常運作時的重要性：它會幫助身體發育出正確的淋巴機制，將所有逸漏到組織縫隙之間的多餘體液收回來。這是非常有用的資訊，但這點當然仍然無法幫助我們理解爲什麼尼可拉斯會有腎衰竭的問題。

會不會ＨＬＴＳ和他的腎功能衰竭同時存在，只是一種巧合罷了？當然有可能，畢竟在這個世界上，到處都有人罹患兩種或更多種類似的醫學疾病，卻和遺傳一點也扯不上關係，也許尼可拉斯就是這樣，只是正好在這方面特別倒楣罷了。不過，這個理由對我而言還不夠好，我總覺得有股持續的力量拉著我，尤其是目前對此情形還找不到任何解釋，更讓我想繼續探討尼可拉斯特殊的 SOX18 突變和腎功能衰竭究竟有什麼關連。因此，尼可拉斯便成了我們的導遊，帶領我們踏上另一場基因的冒險歷程。

當十四歲遇上三十八歲

當我們遇上確認具有某種特定突變的病患，設法查明此突變究竟是原生的還是遺傳而來的不僅很有幫助，甚至可能是關鍵之舉。因此，我們該做的第一件事，就是檢查病患父母的ＤＮＡ，看看這個突變是從哪一位遺傳而來的。如果雙親的基因中都沒有同樣的突變，它可能就是一個新的基因變化，我們稱之爲「新生突變」。然而，我們之所以無法立刻認定看到的是不是原生變異，是因爲還必須考慮人類常見的一個弱點——對伴侶不忠。

可想而知，這點可能會引發患者的父母激烈爭吵，使得前方道路更加布滿荊棘、險峻難行，尤其如果我們看到的這種遺傳性疾病，是那種其他人必須提高警覺的生死攸關問題時，情況更是如此。在尼可拉斯的案例中，我們在已確認親子關係後，從他雙親的ＤＮＡ裡完全找不到任何突變基因，所以根據前面我告訴你的原則，這代表我們看到的是一個嶄新的或新生的突變。

但是，還有一件悲慘的事實得合併考量：尼可拉斯出生一年後，他的母親珍又懷了一個男孩，到了孕期第七個月時，珍病得很嚴重，檢查病況的結果發現她肚裡的孩子情況相當危急，雖然後來迅速動了子宮內手術，還是未能挽救胎兒的性命。對這個流掉的孩子所做的DNA檢驗，顯示他也有和哥哥相同的SOX18變異，所以尼可拉斯在這方面並不孤單。

難道這兩個男孩不知何故居然發展出一模一樣的新突變嗎？這太不可能了，我還寧可懷疑尼可拉斯雙親之一的生殖器官細胞可能帶有突變。對於這種遺傳形式——父母都沒有這種突變，但擁有一個以上的孩子具有相同的基因突變——我們稱爲「性腺鑲嵌型」（gonadal mosaicism）。既然建立了尼可拉斯如何遺傳到SOX18突變的假設，我已經準備好要更深入挖掘事實了。在我這麼做的時候，有一件事一直特別跳脫出來：其他極少數那幾位已知與他擁有相同病症的人，在SOX18突變上都是同型合子（homozygous），也就是說他們都帶有兩條突變基因，但尼可拉斯只遺傳到一條而不是兩條不聽話的SOX18基因，這代表他在這種突變上是異型合子（heterozygous）。不過，其他那些患者的父母雖然身爲帶因者，甚至就算他們全是異型合子，和尼可拉斯一樣在SOX18基因只帶有一個突變，卻沒有人罹患HLTS。這表示如果我們對遺傳學的了解是正確的，尼可拉斯應該不會有HLTS才對。

在遺傳學上經常出現這樣的情況：在你試圖解答一個疑問的過程中，往往會帶出另外五個新的疑問。我們對尼可拉斯所抱的期望，就是所有這些疑問可以帶領我們更爲接近他之所以有腎功能衰竭的原因。在我往後退了幾步、重新評估他的情況後，我開始懷疑尼可拉斯特別突顯出來的腎衰竭問題可能源於另一種病症，另一種在遺傳學上與HLTS相似，但其實並不相同的病症。

提出理論是一回事，試圖證明或反駁這個理論，自然又是截然不同的另一回事。爲了做到這一點，我們必須在七十億人口組成的大海中，撈出另一根遺傳學上的細針。實際而言，想要找到另外一個人和尼可拉斯擁有完全相同的基因突變以及完全一樣的症狀，這種機會的可能性大概跟沒有機會差不了多少。面對這種鐵定會失敗的機率，就代表這回事絕對值得一試。

所以，我做了凡是好的遺傳學家在尋找答案時都會做的事：開始巡迴旅行。一路上，我盡可能在每一次醫學會議上介紹尼可拉斯的病例，一直希望某個人會突然出現，告訴我他見過某個病人經歷與尼可拉斯類似的症狀。回想起來，這件事如我所願眞正發生的機率顯然驚人地低微，實在不明白我的想法怎麼會那麼天眞。但若是知道這件事不但能夠幫助尼可拉斯，還可能提供大量極有價值的醫學新知，那麼它至少值得放手一試。

我們之前已經一次又一次看到例子，確認像尼可拉斯這樣的罕見病例，眞的有力量影響及改變我們的生活。幸好還有整個世界的遺傳研究人員和醫生願意獻身於此，殫精竭慮發掘這些複雜醫療奧祕的眞相。當時的我並不知道，就在完全不同的另一塊大陸上，有一群致力於此的醫師與研究者團隊，正因爲一個與尼可拉斯非常相似的病人，碰巧問出完全相同的問題。這個巧合實在是令人難以置信，他們的病人湯馬斯剛好也有HLTS的問題。

湯馬斯和其他患有HLTS且擁有兩條突變基因的病人不同，但他和尼可拉斯一樣，醫生發現他也只有一條突變的SOX18基因。另外，最至關緊要、也最令我驚喜萬分的，就是湯馬斯同樣有腎功能衰竭的問題，並且已經因此接受了腎臟移植。更重要的是——這部分我們到現在仍然不明所以——湯馬斯不僅在臨床特徵上和尼可拉斯相同，令人難以置信的是連那條SOX18基因上的突變情況也一模一樣。

當我終於看到湯馬斯的照片時，那個經驗簡直太不眞實了。當時是深夜，我獨自一人待在辦公室，而他就在那裡，從我的電腦螢幕上回望著我。那個男人很有可能是——不，我大概可以發誓他絕對就是——十四歲的尼可拉斯的三十八歲版本。他們兩人都有同樣帶著帝王貴氣、近乎無毛髮的頭顱，同樣杏仁形狀的眼睛，同樣弧度彎彎如弓的飽滿紅唇；最重要的是，他們都有同樣那種睿智的模樣，彷彿兩人是用同一個模子刻出來的。

既然他倆都走過同樣艱辛至極的旅程，也許就某方面而言，他們的確是來自同一個模子。就目前而言，這個謎題仍然沒有答案：爲什麼兩個年齡不同、地理位置相距四千哩的個體，居然在基因狀況和外表形貌上出現如此驚人的相似性，而且就連醫療過程也差不多，包括腎衰竭在內，顯然在這個星球上不會再有另一個人有這樣的情況。這種相似性，再加上所有其他因素，留給我們的只有一個結論：眼前所見的，完全是另一種新的病症。

現在，我們已經可以明顯看出來，下一個罹患HLTRS的人（多出來的那個「R」代表腎臟的「renal」），絕對會從這些案例中受惠良多。尼可拉斯已經得到一個新的腎臟，這個偉大的禮物來自他的父親喬，而且他手術之後恢復得很好。他在學校裡也拿到了好成績，對一個經常需要就診及住院，因此三天兩頭錯過學校課程的小男孩而言，這可是一件不小的成就；此外，最近他也開始用從來沒有過的方式，敞開心胸結交朋友。雖然事實上，他真的是一個非常好的孩子，而且家人提供的支持與關愛也讓人相當感動，但不可諱言地，這些生活品質的實際改善，也應該要歸功於病情在進一步精準確認後，得到更密切的醫療監督，以及諸多不同學科專家的照護。在尼可拉斯和湯馬斯身上見效的醫療方式，將會是之後同類病患一開始就能得到的治療方法，更不用說他們還能更快知道自己在世界上並不孤單。

不過，我們在這裡討論的，可是十億人當中可能才會出現一個的情況。如果是這樣的話，下一次出現這樣的病例，應該是很久很久以後的事了。話說回來，這件事究竟和我們其他人有什麼關係呢？其實很有關係，真的。

罕見造就科學進步

時至今日，已發現超過六千種以上的罕見疾病。如果我們把這些病症合在一起來看，會發現受這些疾病影響的美國人高達三千萬名，[1]這大約是美國居民的十分之一，甚至比尼泊爾的全部人口還要多。有一個好方法可以把這個情形具體視覺化，那就是想像有座體育場，場中幾乎每個人都穿著白襯衫，只有每個第十排的所有人例外，他們全部穿著紅襯衫。現在，請你抬頭環顧整座體育場，你會看到什麼樣的景象呢？你將看到一片紅色的海洋。

接著，請想像每個穿著紅襯衫的人都拿著一個信封，信封裡有一張紙條，上面寫著一個句子。想像一下所有這些句子湊在一起可以組成一個故事，內容談的是體育場裡所有其他的人。這就是針對罕見疾病進行遺傳研究的成效所在，我們之前已經提過爲何只不過是研究少數帶有 SOX18 基因突變的案例，卻能幫助我們更了解這個基因協助身體建立淋巴系統的方式。

尼可拉斯及湯馬斯對我們其他人有所幫助的緣由如下：許多種癌症會爲了自身利益及便於傳播而挾持我們的淋巴系統，因此詳細研究 SOX18 如何參與這個過程，可以讓我們在治療某些類型的癌症時，找到更符合需求的新標靶。當然，尼可拉斯及湯馬斯還可能幫助我們更加了解 SOX18 在維持腎臟健康方面的作用，這就是爲什麼最讓我們心存感激的，就是尼可拉斯、湯馬斯，以及其他衆多遺傳疾病患者對這些研究工作的貢獻。在醫學發現的歷史上，他們對其他人的健康所提供的潛在裨益，恐怕比他們自己受惠的程度要高得多。

但前述這些當然不是什麼新概念，事實上，這種想法的出現遠遠早於現代遺傳醫學的興起。回到一八八二年，也就是孟德爾過世前兩年，有位叫做詹姆士・佩吉特（James Paget）

的醫生——現在被公認爲病理學奠基者之一——在英國醫學雜誌《柳葉刀》（*The Lancet*）中提到：如果只是把這些受罕見疾病影響的人撇在一旁，「用些像是『令人好奇』或『純屬意外』的空泛想法或字眼來定義他們」，將會是非常可恥的一件事。

佩吉特指出：「這些病例沒有任何一個是無意義的，每一個都可能成爲優秀知識的開端，只要我們能夠解答這些問題——爲什麼這種疾病如此罕見？或者，既然它這麼罕見，就這個病例而言又爲何會發生呢？」佩吉特說的到底是什麼意思？這個嘛，單是從醫學史上最成功藥品如何出現的故事，就可以清楚看出爲什麼「罕見」可以爲「常見」提供大量訊息。

我們需要脂肪，如果沒有吃夠這種東西，我們的日子有可能會變得很不好過——不只從美食的角度而言，就生理學上來說亦是如此。超低脂肪飲食可以導致脂溶性維生素如A、D、E等吸收不良，在某些人的情況中，甚至與憂鬱症及自殺有關。[2]不過，就像人生的許多事情一樣，「過猶不及」是常見的事情。若以高脂肪飲食取而代之，對許多人來說，就會產生過多的低密度脂蛋白（LDL）。血液中若含有太多低密度脂蛋白膽固醇，可能會導致動脈粥狀硬化（atherosclerosis），這個術語的英文源自古希臘字「athero」（意爲「糊狀物」）以及「skleros」（意思是「硬的」）。「硬的糊狀物」對我們某些動脈壁上堆積的那些斑塊倒是很好的形容方式，一旦出現這種情形，這些極其重要的血液通路就會變得狹窄且彈性減弱，這種致命的連帶情況是會讓通常毫不知情的受害者，置身於心臟病及中風發作的危險之中。

不幸的是，這並不是罕見的情形；在美國，心血管疾病位居死亡原因之首，每年有八千萬美國人罹患心血管疾病，約莫五十萬人因而喪失生命。[3]然而，若不是因爲某種非常罕見的遺傳性疾病，我們可能不會對心血管疾病這麼了解，這種疾病稱爲「家族性高膽固醇血症」（familial hypercholesterolemia, FH）。在一九三〇年代後期，有位名叫卡爾・穆勒（Carl Müller）的挪威醫生，開始研究這種因遺傳而擁有極高膽固醇數值的疾病。穆勒得知的結果，就是這些天生有家族性高膽固醇血症的患者，並不是在體內積聚出高濃度的LDL，他們一生出來體內的LDL濃度就已經這麼高了。

人體需要一些膽固醇才能正常運作，它是我們的身體用來製造多種荷爾蒙、甚至維生素D的起始材料；不過，如果有太多膽固醇流動於血液中，我們就會有因心臟疾病之併發症而死亡的風險。對患有家族性高膽固醇血症的病人而言，這樣的命運很可能在生命相當早期就來敲門，因爲他們無法像我們大多數人那樣，可以輕易地將LDL從血液轉送到肝臟去，最後造成的結果就是濃度極高的膽固醇都被困在循環系統內。

在正常情況下，我們的身體會運用LDLR——與家族性高膽固醇血症相關的基因之一——來生成受體，讓肝臟可以用來掃蕩清除LDL。在一般情況中，這個作用有助於防止這類型的膽固醇在你的血液中堆積、氧化，然後損害心臟。不過，如果你帶有的LDLR基因是會導致家族性高膽固醇血症的突變版本，那麼這種正常的膽固醇移動過程就不會運作，所有的脂肪都留存在心血管系統中，很可能會四處亂竄。

對那些帶有兩條這種突變基因的人來說，就算在三十來歲或甚至更年輕的時候便死於心臟病發作，也不是什麼稀罕的例子。即使他們平日就有在跑馬拉松，飲食也遵循我們所想得到的最健康方式，這種情形仍然可能發生。穆勒在當時絕對不會想到，他的研究算是爲某種藥物的發展奠立了概念性階段，這種藥物後來成爲製藥歷史上最轟動暢銷的產品。

我們早就知道，在大多數人的情況中，ＬＤＬ過高的問題可以藉著飲食及運動加以改善，但這麼做對患有家族性高膽固醇血症的人們來說是不夠的。那些遵循穆勒足跡而行的研究者，一直希望能夠找到別的方法來一舉擊潰與這種罕見疾病相關的ＬＤＬ過高問題。最後他們找到的解決之道，是一種針對HMG-CoA還原酶作用的藥物；這種酶的功能，通常是在我們夜間入睡後幫助人體製造更多的膽固醇。研究者希望藉著使用對應藥物阻擋這種酶行使功能，就能把血液中的ＬＤＬ含量降下來。也許，你早就聽說過這類藥物，或者說不定你現在就在服用這種藥物。

阿托伐他汀（atorvastatin）[4]——或者更爲人所知的是它的品牌藥名「立普妥」（Lipitor）——隸屬於最廣爲大衆使用的史他汀（statins）類藥物；這類藥物已經成爲最暢銷的藥品，目前世界上有數以百萬計的人們都得到醫生開的此藥處方。不幸的是，對一些遺傳到突變基因而罹患家族性高膽固醇血症的人來說，雖然他們的疾病在促進人類對藥物的基礎了解上扮演著關鍵性的角色，但立普妥對他們卻不是很有效。有少數幾種很有希望的「孤兒藥」（orphan drug）——一些專門用於治療罕見疾病的特效藥物，但由於市場太小，可能沒有廠商想要開發——現在已經獲得批准，可以用在家族性高膽固醇血症患者身上。不過，對於某些這類患者而言，唯一能夠讓他們的ＬＤＬ數值控制良好的方法，只有接受肝臟移植一途。

儘管如此，對數以百萬計的其他人來說，立普妥的確是他們的救命恩人，能夠幫助這些有高膽固醇問題的人不致因爲冠狀動脈疾病而英年早逝；就算他們的健康問題不僅源於遺傳，還包括放縱的生活方式，這類藥物仍然可以發揮作用。說到醫藥這方面，最需要、通常也是最應該獲得某種藥物的人，往往並無法第一個得到援助，有時候甚至根本拿不到藥物。不過，接下來我們即將看到，事情並不見得總是如此。

研究Ａ問題，得到Ｂ答案

有時候，從最初始的遺傳發現進展到重要的革新治療方式出現，可能需要耗費數十年之久。我們之前提過尋求苯酮尿症（ＰＫＵ）治療方法的歷程，就是這種情況：一切始於阿斯比約恩・福林在一九三〇年代中期發現這種病症，但直到羅伯特・蓋斯瑞針對此症研發出幾乎人人都能使用的檢測方法才算有個結果。

不過，有時候事情的進展會快得多，而且這種情況愈來愈常見，實在相當振奮人心，例如精胺基琥珀酸尿症（argininosuccinic aciduria，ASA）的故事。這是一種代謝疾病，患者身體的尿素循環受到影響，無法排除正常數量的氨。聽起來很熟悉，對吧？沒錯，ASA和OTC很相似，後者就是第五章說過辛蒂和理查都有的那種病症。罹患ASA的人和OTC患者一樣，沒有辦法把氨用正常的循環步驟轉化為最終產品尿素。

罹患ASA的人通常也有認知能力發展遲緩的問題，起初大家以為這是身體系統中累積了大量的氨之後對神經系統造成的影響，就像理查遇到的情況一樣。但是，醫生們很快就注意到，即使讓ASA患者體內的氨一直維持在較低的濃度下，他們的發育問題卻依然如故，而且似乎隨著時間進展更形惡化。不過，貝勒醫學院（Baylor College of Medicine）的研究人員，最近已經對ASA患者的另一種症狀——血壓無法解釋地升高，得到更深一層的了解。他們之前早就知道有種叫做一氧化氮（NO）的簡單分子對降低血壓極其重要，他們也知道導致ASA發生的那種酶，正是人體生產一氧化氮途徑中最主要的角色。

考慮到這點，貝勒醫學團隊暫時把其他和氨有關的問題擺在一邊，直接將焦點集中在對ASA病人投以能夠擔任一氧化氮供應者角色的藥物。結果相當令人驚喜，患者在記憶和解決問題的能力上都出現很有希望的進步，而且還得到額外的好處：他們的血壓也變得正常了。[5]雖然此進展距離完全治癒還相當遙遠，但是這個具有關鍵意義的環節僅僅花了幾年，而不是幾十年就建立了起來，而且有些醫生已經開始嘗試用這個方法治療ASA的一些長期症狀。這項進展對其他牽涉到一氧化氮耗竭的病症該如何治療也有幫助，這類問題可能出現在許多更常見的疾病上，例如阿茲海默症等。此結果再次證明了，對那些總是會以某些途徑影響我們所有人的疾病而言，罕見疾病往往有助於帶來一線曙光。

罕見疾病患者究竟如何對其他人帶來助益，通常很明顯就看得出來。正如我們前面所見過的，一開始雖是針對罕見遺傳疾病患者做研究，例如會導致膽固醇過高及心臟病發作的FH，最後卻催生出「立普妥」這類藥物治療方式，使得醫生現在可以造福數以百萬計的人。

我自己在藥物發現與開發上的歷程，絕對稱不上一帆風順，從晦暗難解之遺傳疾病通往新治療方法的那條道路，有時根本不是一條直線。我對於罕見疾病孜孜不倦的研究興趣，最終促使我發現了一種全新的抗生素，我將它命名爲「Siderocillin」。這種抗生素的創新之處，在於它的作用方式有如導彈一般，能夠針對「超級細菌」（superbug）造成的感染展開攻擊。

回溯到一九九○年代後期，其實當時我對抗生素根本一點興趣也沒有。我那時正熱中於研究一種叫做「血鐵質沉著症」（hemochromatosis）的疾病，這種遺傳疾病會造成人體從飲食中吸收過多的鐵質，在某些患者的情況中可能導致肝癌、心臟衰竭，最後造成英年早逝。然而，我在血鐵質沉著症方面的研究，卻讓我學到可以運用從這種遺傳疾病得知的原則，創造出一種以「殺手級細菌」（killer microbe）爲標靶的藥物。

根據美國疾病控制與預防中心的資料，單是在美國，一年就有兩萬多人死於超級細菌造成的感染。這種生物何以如此致命？因爲它們對我們現有藥物彈藥庫中的那些抗生素武器幾乎——就算不是全部，也是大多數——都有抗藥性，這就是爲什麼我發明的這種藥很有潛力在每年治療數百萬人、拯救幾千條性命。不過，在我首次提出自己的發明時，血鐵質沉著症與超級細菌感染之間的線性關係尚未經由科學建立起來；事實上，當初許多與我共事的其他研究人員，都不明白我爲何似乎同時在研究兩種完全不相干的問題——抗藥性細菌和血鐵質沉著症，不過他們現在懂了。

我從研究罕見遺傳疾病得到的知識，引領我在全球獲得二十項專利，而且 Siderocillin 的臨床試驗在二〇一五年開始進行。這是我從我個人的專業領域所能想到的最明確例子，顯示應用從影響少數人之罕見遺傳疾病所獲得的知識，確實可以發揮力量，爲其他多數人謀求新的治療選擇。不過，罕見遺傳疾病也能以別的方式造福我們，接下來我們即將看到，這些知識還能防止我們僅爲了小小幾吋的差距，就危害到自己的孩子。

生長激素的潛在危害

想像一下，如果你能擁有逃避原有基因遺傳的自由，再想像一下，如果你有可能拋棄那些讓人置身多種癌症罹患風險的基因，那該有多好？好啦，這等好事裡面唯一暗藏的小玄機，就是你得患上「萊倫氏症候群」（Laron syndrome）。

大多數患有這種病症的人若是未經治療，他們的典型特色就是身高不及一四七公分、額頭突出、眼睛深陷、鼻梁扁塌、下巴短小、軀幹肥胖。目前已知，全世界大概約有三百人罹患此症，其中約三分之一居住在南美安地斯高原上的幾座偏遠村落裡，此地區隸屬厄瓜多爾南部的洛哈省（Loja Province），[6]而且這些人似乎對癌症幾乎免疫。爲什麼？

嗯，爲了了解萊倫氏症候群，先認識一下另一種遺傳疾病會有點幫助：這種病症稱爲「戈林症候群」（Gorlin syndrome），和萊倫氏症候群可說是位居光譜的兩端。戈林症候群患者很容易罹患一種皮膚癌，稱爲「基底細胞癌」（basal cell carcinoma）。[7]基底細胞癌通常是經常曝曬於陽光下的成年人比較容易得到的毛病，但是患有戈林症候群的人，即使並沒有常常曬太陽，也可能在青少年時期便罹患這種皮膚癌。

差不多每三萬人之中，就會有一個罹患戈林症候群，但是一般認爲，還有很多人沒有被診斷出來。通常你不會知道自己有這種病，往往一直到你或你的家人被確診出癌症，你才會明瞭這個事實。然而，的確有少數目視可見的身體畸形線索偶爾存在，也許可以很容易地辨識出某人有此問題。這些情況包括大頭畸形（macrocephaly，頭很大）、眼距過寬（hypertelorism）、第二—三腳趾併趾（2-3 toe syndactyly，第二與第三腳趾之間有蹼）。[8]其他常用的診斷特徵，還包括手掌上的小凹陷，以及形狀特異的肋骨，後者可經由胸部 X 光檢查看到。

爲什麼戈林症候群患者即使沒曬到太陽，還是如此容易遭到皮膚癌這類惡性疾病侵害？

要回答這個問題，我需要先跟你談談一個叫做 PTCH1 的基因。我們的身體通常會運用這種基因來生成一種叫做 Patched-1 的蛋白質，它在管控細胞生長方面扮演至關緊要的角色。然而，戈林症候群患者的 Patched-1 蛋白質無法正常作用，但是另一種叫做「音蝟」（Sonic Hedgehog）[9]的蛋白質仍舊發出原本就會有的命令，要求細胞持續生長，因此細胞便會肆無忌憚地分裂、分裂、再分裂。[10]這樣當然會造成問題，我們已經看過太多例子，細胞不受限制地增長就等於陷入無政府狀態那樣混亂，很不幸地，這情況會導致癌症產生。

好，那麼戈林症候群究竟又教導了我們什麼和萊倫氏症候群有關的東西呢？本質上戈林症候群在遺傳學方面的表現，就某種程度而言正好與萊倫氏症候群背道而馳；前者促進細胞生長，後者則是限制細胞生長。萊倫氏症候群是因爲生長激素的受體產生突變所造成的，所以萊倫氏症候群患者對生長激素不是反應遲鈍、就是根本沒有反應，這正是此類患者往往相當矮小的原因之一。

戈林症候群患者的細胞處於無政府狀態，而萊倫氏症候群患者的細胞則是在生長上受到箝制，有如陷身細胞極權主義的統治之中。在政治上，你也許對極權主義這種意識型態頗有異議，但就純生物學的觀點來看，實施這種主義的成功可是毋庸置疑的一回事。如果不是採行這種方式，你現在就無法在這裡閱讀這本書了；不只是你，連我或是這個星球上任何其他多細胞生物，都不可能存在。這是因爲無論你、我，或是其他所有多細胞生物，都是生物極權主義的產物；這種主義會不惜任何代價迫使細胞聽從指揮，這種威權管理透過細胞表面的受體執行，任何細胞若是行爲不端，就會引來「切腹自殺」的結果——這是天生設定好的細胞自殺方式，稱爲「細胞凋亡」（apoptosis）。

不管有哪些細胞膽敢厚顏擁有更大的雄心抱負，想在爲數數兆的細胞中特立獨行，身體都會依照原本設定的程式或是偶爾另外發出命令，要求它們像名譽掃地的武士那樣結束自己的生命。遭到病原體感染的細胞，同樣是透過這種機制來犧牲自己，以保護身體免受微生物入侵者的傷害。我們之前還提到過，這個機制也會在發育時期消除我們的手指與腳趾之間的蹼狀物，如果這些構成蹼的細胞沒有死掉，就像某些遺傳性疾病造成的結果，那麼你的手就會長成像連指手套那種模樣。

這就是爲什麼對任何事情而言，平衡都是至關緊要的一件事。那些限制生長的程序，一旦遇上有生長需求的時候，就得隨時權衡情況，做出改變。只要觀察你每次受傷後的情形便可明白，不管是小小割傷，還是遇上更嚴重的事故，想想你的身體究竟是怎麼進行整個修復及重塑的過程呢？其實這個過程根本是全自動完成的，所有的一切，就是一天之內平衡狀況遭到數百萬次打擊，使得細胞不斷死去又活來的結果。你會想要打亂這種平衡嗎？其實，你自己或是你認識的某些人，可能已經這麼做了。

長得高的確有好處，高個兒的孩子比較不容易被人欺負，在運動場上也會得到較長的上場時間。研究顯示，一般認為個子高的成年人比起較矮的職場同事，平均而言更容易升遷到位階較高、執掌更大權力的職位，而且也賺到更多錢。[11]當然，事情總有例外，最出名的例外者就是拿破崙（Napoléon Bonaparte）。不過事實證明，這位世上最知名「有身高缺陷」的仁兄，可能並沒有那麼矮。回溯到十八世紀至十九世紀之交，法國的「吋」其實比英國的「吋」要來得長一些，所以儘管那些不是拿破崙最大粉絲的英國人硬要說他不會比五呎（約一五二・四公分）高到哪兒去，但拿破崙的身高其實大概接近五呎五吋（約一六五・一公分）左右，甚至可能高至五呎七吋（約一七〇・二公分）。這樣的身高在他那個時代，絕對不能說是個矮子。[12]然而，不管是法國吋還是英國吋，只要提到身高，就算只差一點兒也是有差。所以，讓我們面對現實吧！可以不用踩著腳凳就能夠搆到最高那層架子的人，顯然就是比搆不到的人更有用一點。

前述這一切，正是為何「身材矮小」或「感覺身材矮小」，會是最常轉診到兒童內分泌科的第二大常見理由。這並不是說父母會因為孩子矮得不得了就變得比較不愛他們，而是因為到了我們這一代，身高已經成為真正可以買賣的商品了。以重組生長激素（recombinant growth hormone）療法為少數具明顯生長缺陷之孩童進行治療的方式，問世已超過半個世紀，如今為人父母者，都很清楚他們真的可以影響孩子的身高；在理論上，他們確實可以好好地「提拔」一下孩子們的未來。[13]

時至今日，以人工合成之人類生長激素爲處方療法的病症名單已經愈來愈長，其中一些病症你在本書中已經讀過。從普拉德威利症候群（第一種與表觀遺傳學連結在一起的人類疾病），到努南氏症候群（幾年前我在一場晚宴上辨識出老婆的朋友蘇珊羅患的病症），研究者發現有愈來愈多人可能可以藉著在身上各個部位注射外加生長激素而獲益。

這類病症中有些是非常嚴重的疾病，在處理這類病童的需求時，生長激素是不可或缺的成分。不過，在許多其他案例裡，施打生長激素（典型方式是定期注射），只是特別針對身高問題而採用的治療方式。舉例來說，特發性身材矮小（idiopathic short stature）指的是孩童身高低於平均標準超過兩個標準差，但沒有可辨識跡象顯示有任何遺傳、生理或營養異常的情況；換句話說，這些孩子很可能是完全正常的，只是他們剛好長得特別矮小。

這正是讓阿蘭・羅森布魯（Arlan Rosenbloom）倍感困擾的問題，這位佛羅里達大學（University of Florida）的內分泌學家正是「萊倫氏症候群幾乎不會得癌症」這項發現的推手之一。當我詢問他對於給孩子生長激素這回事有沒有任何顧慮之處，他只用一個英文單字回答我：內分泌美容學（endocosmetology），這是羅森布魯（以及數目迅速增加的醫界同仁）帶著些許嘲弄意味的說法，用來稱呼將生長激素運用於美容目的——包括想讓孩子增高——的這種做法。[14]

然而，如果對孩童施用生長激素這個方法，在監控管理方面的障礙（這方面有不少規定）

已經去除，流行病學研究方面也無法證明以生長激素治療孩童會提高癌症風險的話，我們到底還要擔心什麼呢？想回答這個問題，先來看看另一個叫做「類胰島素生長因子Ｉ」（insulin-like growth factor 1, IGF-1）的東西，可能會有點幫助。IGF-1是身體感測到生長激素激增後會釋放出來的物質，它不只能促進身高增長，也會加強細胞存活的能力。如果你想要讓孩子矮小的骨架多長高個幾吋，這可能會是件好事。

但是，在你讓孩子接受生長激素治療之前，請考慮下面這件事：一般認爲，IGF-1也會抑制細胞凋亡，亦即細胞自殺的作用；因此，萬一有一群細胞突然一反常態，變得離經叛道，情況也許會變得很危險，甚至有致命的可能。在羅森布魯看來，只因爲孩子比別的孩童個子矮一些，就給他們打生長激素，等於讓他們暴露於日後也許將引發癌症的不必要風險之中。至於這個風險到底是大是小，我們現在還無法完全了解，恐怕要再過個幾十年才有辦法知道。他認爲，決定爲孩童施行生長激素治療的風氣之所以日趨興盛，其實是製藥公司推動市場導向促銷活動造成的結果，並不是我們眞正爲孩子追求健康與長期福祉而做的決策。

如今，生長激素的市場規模已經高達數十億美元，每年都有數以百萬計的費用是花在對那些憂心忡忡的父母提出建議，說他們的寶貝兒女可能會「矮人一截」，應該要接受昂貴的介入治療，來解決這個可能根本不是眞正問題的問題。假使萊倫氏症候群患者不會得癌症，是因爲他們的身體對生長激素無法反應，難道我們還要接受這種風險，繼續在自家孩子身上注射同一種荷爾蒙的人工合成版本嗎？如果有更多家長了解萊倫氏症候群，有鑑於施打生長激素會帶來的致癌潛在危險，他們應該就會比較不那麼想用這種藥物了吧！

生命的禮物

第一次有人提到萊倫氏症候群，是在一九六〇年代的中期。然而，在當時絕對沒有人能預測到多年之後，這種病症可以爲癌症的免疫帶來珍稀的一線曙光；也不會有人想到研究罕見疾病所帶來的收穫，並不僅止於深奧難懂的醫學知識。

然而，正如人們在這條遺傳學的漫長探索旅程中所見：最終反過來幫助我們，爲無數其他人帶來醫學突破的，往往正是這些擁有特異基因、容易罹患高膽固醇血症的罕見家族（舉例來說）。歸根究柢而言，我自己也是因爲對患有血鐵質沉著症的家族進行研究，才發現了新的抗生素。罕見疾病患者及其家族爲大家帶來這麼多醫學上的重要餽贈，我們對他們每個人都該抱持無比的感恩之心。

多年來，我已經見過許多表現令人讚佩的罕見疾病患者，但我從不認爲自己有辦法眞正體會他們的感受——事實上也沒有人做得到這一點。我的角色爲我帶來了獨特的視角——沒錯，眞的是相當親近的有利位置，讓我得以深入我所見過處境最艱難者的世界；見識到這些患者，以及他們的父母、配偶、手足，在面對考驗耐心、愛心、身體耐力與堅忍毅力的挑戰性診斷結果時，表現出令人難以置信的偉大勇氣。

以尼可拉斯的母親珍爲例，她爲了兒子的福祉，多年來不屈不撓、堅定不移地向各方鼓吹宣導、尋求支援，這樣的努力已爲她博得「功夫媽媽」的美名。我對珍提過一次這個綽號，她引以自豪之情溢於言表，而尼可拉斯則在一旁笑到停不下來。這眞的很棒，因爲事實上，身爲醫生的我們，確實需要仰賴像珍這樣的父母推我們一把，好讓我們在面對孩子的病情時，能夠鑽研得更爲深入，並以更具創造性的方式思考。

事實總是一再地帶來教訓及提醒，讓我們明白爲何需要感謝那些日復一日必定發生、看似無關緊要，卻將我們帶到現今境況的事物——那些除非罕見地出了差錯、不然我們平時根本不會注意到的事物。我談的不只是出現在我們基因體內的那些狀況，也包括怎麼樣才稱得上是個人，怎麼樣做才算是活著、才算是克服一切、才算是愛。

這還不是全部，正如我們已經看到多次的事實，那些了不起的患者以及他們那些表現極度激勵人心的家人，全都能夠爲我們診斷、治療、治癒無數其他病症提供幫助。能夠與他們爲伴，讓我得以經常警醒自己：我們從病人那裡學到的東西，絕對遠多過他們能從我們這裡得到的，而且對所有人來說都是如此。因爲每位罕見遺傳疾病患者的身體深處，都潛藏著一個祕密，只要他們願意選擇分享，也許有一天這個祕密，將會成爲治癒及造福我們每個人的利器。

後記
最後一件事

我們的討論已經涵蓋許多領域，從加勒比海海底談到富士山山頂，見識過使用基因禁藥的運動員、引人矚目的人體針插、古老的骨骼，還有被「駭」的基因體。我們也看到了基因如何無法輕易忘懷被霸淩的創傷、微小的飲食改變就能把工蜂變成女王蜂，還有你度假時如果不夠小心，連一件小小的失檢行爲，都有可能不費吹灰之力改變你的DNA。

透過這一切，我們看到基因遺傳會如何改變，以及它確實能夠因爲我們所經歷的事物而產生改變。我們也明白了對我們的生命而言——對這個星球上的其他生命也一樣——靈活的可變動性正是關鍵；而且根據我們所學到的，「剛硬」反而出乎意料之外地成了強度的敵人。

在發育的過程中，即使是在基因體表現上產生最微小的變化，也足以扭轉一個人的性別。伊森之所以成長爲男孩，而非變成女孩，並不是因爲他遺傳到的結果，而是因爲他在基因表現過程的某個獨特時機出現了某個細微的變化；但是，請大家記住，很多擁有與伊森類似基因序列的人都發育成女孩。

我們也探討了在了解個人ＤＮＡ內部運作方面，罕見遺傳疾病患者眞的是貢獻良多，我們大家都虧欠他們一份大大的人情。令人驚奇的是，藉著了解自身在遺傳上的限制，我們也因此獲得更好的機會來超越這些限制。知道該怎麼對待你的基因遺傳，就擁有塑造它的能力。

正因爲如此，也許有一天你和某個朋友聊天，她告訴你她最近吃了比較多的水果和蔬菜，卻覺得肚子發脹、更加疲憊，此時你就會想起主廚傑夫的例子。也許，你並不記得傑夫罹患的病症叫什麼名字（遺傳性果糖不耐症），但你幾乎一定會記得一件更爲重要的事，那就是沒有哪一種完美的飲食是適合所有人的。就像我們從傑夫的例子得到的訊息：對某人而言很好的飲食，對另一個人卻可能有致命的效果。

如果你有個孩子，從出生之後，個頭總是比別人小一些，而你碰巧聽到別人提及生長激素療法。此時，你會憶起有種遺傳病症（萊倫氏症候群），對上百名住在厄瓜多爾山上的居民造成影響，你又正好記得這些人幾乎不會得癌症，是因爲他們對生長激素免疫——就是這點，讓你掌握了可用的資訊，幫助你做出明智的決定。

還記得梅根嗎？她的身體多了一條 CYP2D6 基因，結果一般的可待因處方對她而言卻成了死刑宣判。正是這樣的例子，會讓你有勇氣站出來，不僅爲自己的孩子，也爲那些罹患罕見疾病的人發聲，因爲他們正在用生命爲大家共享的醫學知識灌注許多極其重要的內容。

這就是麗茲和大衛爲小葛瑞絲所做的事。葛瑞絲的骨骼並不像大多數人那樣強健，但是她每一天的表現，都在向我與她周遭的所有人證明：她的基因體絕對不是一本早就已經寫完、編輯完、出版完成的書籍，而是一個她仍然繼續在講述的故事。

還記得那個孤兒院工作人員怎麼跟麗茲和大衛說的嗎？她說：「你們就是她的命運。」所以，葛瑞絲的命運既非寄託在她的基因上，也不是仰賴於她脆弱的骨骼，而是取決於這對決心一定要成爲她的父母、還要給她全新生存權利作爲禮物的夫婦。即使葛瑞絲原有的基因遺傳條件如此不利，她仍能擁有嶄新的生存機會，以及茁壯成長的展望。

從迄今仍然不斷發掘出來的諸多事實中，我們可以看出：遺傳力量絕非只能乖乖接手前人傳承下來的基因那麼簡單；只要掌握住機會，這股力量還可以好好發揮，改造那些我們承繼得來而打算留傳後世的東西。

在這麼做的同時，我們也徹底改變了自己的生命歷程。

謝辭

我要對所有患者及他們的家人鄭重表達謝意與感激之情，謝謝他們願意讓我在這本書中複述他們的醫療歷程。我也非常感謝於過去數年中，在醫學及其他領域上所遇到的所有老師與指導者。其中，要特別感謝大衛・齊泰雅（David Chitayat）醫學博士，他從這項著書計劃的嬰兒成形期，就展現了持續不斷且鼓舞人心的支持和熱情，對於此計劃能走到成功的終點具有決定性的影響；而且多年來，他也一直無私地與我分享他在畸形學、遺傳學和醫學上極具感染力的熱情。

感謝我的經紀人：3 Arts 公司的理查・艾貝特（Richard Abate）。他從一開始就相信這個計劃會成功，並且對於如何把「遺傳學家怎麼想」傳達給一般人很有一套，讓這本書的原稿在許多讀者提出的建議與指導下獲得重大改進。我也一定要特別感謝了不起的執行主編：Grand Central 出版公司的班・葛林伯格（Ben Greenberg），他的敏銳才智與堅持不懈，讓這些複雜的遺傳程序與概念變得清晰明瞭。他也是這本書的最初擁護者之一，在讓這本書送達他相信最需要的讀者手上這方面，扮演著關鍵性的角色。

我還要謝謝本書的英國版編輯，Scepter 公司的杜蒙・莫爾（Drummond Moir），感謝他在最後一刻接手編輯工作，並且提出許多有用的建議。同樣地，也要感謝製作編輯葉斯敏・馬修（Yasmin Mathew）一絲不苟的工作態度，以及 3 Arts 的梅莉莎・可汗（Melissa Khan）與 Grand Central 的皮芭・懷特（Pippa White）在行政作業上永遠都能搶先一步，讓如期截稿變成一件令人驚喜的樂事。同時，我也要向我的宣傳公關 Grand Central 的馬修・巴拉斯特(Matthew Ballast）與凱薩琳・懷特賽（Catherine Whiteside）說聲謝謝，他們兩位在提高本書的知名度這項絕對必要的任務上有很大的貢獻。

我的研究助理李察・胡佛（Richard Verver）有堅定而敏銳的眼光，又能不顧語言障礙，努力不懈地追求原始資料來源，他的表現一直讓我驚豔不已。另外，要謝謝 Wailele Estates Kona 咖啡館的阿萊娜・迪華維拉德（Alaina deHavillard），她精心沖泡的大師級咖啡，爲這本書的內容帶來許多靈感。感謝瓦利（Wally）的盛情款待以及溫暖的家庭氣氛，讓這個計劃得以在最完美的氛圍下完成。還有，我要向喬丹・彼得森（Jordan Peterson）特別說聲「謝謝你」，他花了無法估計的時間與精力提出建議，好讓原稿變得更精粹、洗鍊。當然，我同樣要對馬修・拉伯蘭特（Matthew LaPlante）致上謝意，他運用身爲新聞工作者的絕佳才華，加上令人耳目一新的幽默感，讓整個計劃的層次提升了不少。

最後，要感謝的是我的家人與朋友，謝謝你們對我的每項新計劃與工作，都能提供無止境的愛與支持，以及始終不渝的熱情。

注釋

前言

1 孟德爾在一八六五年二月八日及三月八日將他的工作成果提交給布爾諾自然歷史學會（Brünn Natural History Society），一年後在《布爾諾自然歷史學會會刊》（*Proceedings of the Natural History Society of Brünn*）上發表他的研究結果。他的論文只有在一九〇一年被翻譯爲英文版。

2 這可包括一切，像是後天突變，甚至連微小的表觀遺傳修飾（epigenetic modifications）也在內，這些變化都會改變基因表現或抑制的情況。

1 歡迎進入遺傳學家的世界

1 在這本書中出現的某些名字已被更改過，一些身分資料、敘述，以及情境都經過更動或合併，以保護患者、朋友、熟人或同事的個人隱私，或有助於澄清某些現有概念或診斷結果。

2 不僅是果糖，連蔗糖和山梨糖醇（sorbitol）也會造成問題，因爲它們會在人體中轉換爲果糖。山梨糖醇通常用於「無糖」口香糖之類的產品。

3 雖然爲外顯子組及基因體定序的費用已大幅降低，但還是應該把解讀數據資料所需的時間及費用包含在內一併考量。

4 由於我們在醫學上仍無法確定其中某些變化的臨床結果，我們稱這些差異爲「未明確變異」（variants of unknown significance）。

5 這部分牽涉一些基本的心理學原理，進一步的參考資料請參閱：J. Nevid (2009), *Psychology Concepts and Applications*, Boston: Houghton Mifflin。

6 M. Rosenfield (1979, Jan. 15), "Model expert offers 'something special,'" *The Pittsburgh Press*.

7 P. Pasols (2012), *Louis Vuitton: The Birth of Modern Luxury*, New York: Abrams.

8 美國國家生物技術資訊中心（National Center for Biotechnology Information）是一個相當可靠的全面性公共資訊來源，提供與各種疾病相關的訊息，包括范康尼氏頑因性貧血在內，網址爲 www.ncbi.nlm.nih.gov。

9 一般認爲，ＰＡＸ３基因重組也和某些罕見的癌症類型，稱爲小泡型橫紋肌肉瘤（alveolar rhabdomyosarcoma）有關，請參閱：S. Medic and M. Ziman (2010), "PAX3 Expression in Normal Skin Melanocytes and Melanocytic Lesions (Naevi and Melanomas)," *PLOS One*, *5*: e9977。

10 每七百個活產的孩子大約有一個患有唐氏症候群。

11 雖然到目前爲止還未列入常規檢查項目，但分析胎兒胎便中是否含有一種化學物質——脂肪酸乙酯（fatty acid ethyl ester，ＦＡＥＥ）——的存在，可以用來檢測胎兒在妊娠期間有沒有接觸到酒精。

12 英文也可寫作 spider fingers。

13 如果認爲肥短的拇指是該被隱藏起來的東西，那麼那些有更嚴重、甚至影響身體功能之異常部位的人會怎麼想？對我而言，這種處理方法非常可悲，表示市場行銷者意圖建立的是一個完美人類的概念，尤其是完美女人。請參閱：I. Lapowsky (2010, Feb. 8), "Megan Fox uses a thumb double for her sexy bubble bath commercial for Motorola during the Super Bowl," *New York Daily News*。

14 K. Bosse et al. (2000), "Localization of a Gene for Syndactyly Type 1 to Chromosome 2q34-q36," *American Journal of Human Genetics, 67*: 492-497.

15 親戚之間通婚可能會使遺傳疾病的可能性提高到兩倍以上，比率高低取決於此家族隸屬哪個種族。

16 畸形學是醫學的一個分支，運用身體的解剖特徵了解我們的遺傳史與環境史。如果那些畸形學的術語已經引發你的興趣，建議你可以閱讀這份專刊：*Elements of Morphology: Standard Terminology* (2009), *American Journal of Medical Genetics Part A, 149*: 1-127。如果你想對這個引人入勝的領域有更進一步的認識，也可以從這本期刊開始：《臨床畸形學期刊》（*The Journal Clinical Dysmorphology*）。這本學刊經過同儕審查，搜羅了許多介紹此領域相關病例及研究的文章。

2 基因不乖的時候

1 S. Manzoor (2012, Nov. 2), "Come inside: the world's biggest sperm bank," *The Guardian*.

2 C. Hsu (2012, Sept. 25), "Denmark Tightens Sperm Donation Law After 'Donor 7042' Passes Rare Genetic Disease to 5 Babies," *Medical Daily*.

3 R. Henig (2000), *The Monk in the Garden: The Lost and Found Genius of Gregor Mendel, the Father of Genetics*, New York: Houghton Mifflin.

4 孟德爾在他原本的出版著作中用的是德文「vererbung」，我們把這詞譯爲英文的「inheritance」，但這個詞早在孟德爾的論文出現之前便已爲人使用。

5 表現度不一致的「表現度」，指的是受遺傳突變或疾病影響之範圍或程度大小的測量結果。

6 D. Lowe (2011, Jan. 24), "These identical twins both have the same genetic defect. It affects Neil on the inside and Adam on the outside," U.K.: *The Sun*.

7 M. Marchione (2007, Apr. 5), "Disease Underlies Hatfield-McCoy Feud," The Associated Press.

8 如果你想多了解「逢希伯—林道症候群」的相關資訊及其支持組織，請上美國國家罕見疾病組織（National Organization for Rare Disorders，ＮＯＲＤ）的網站：www.rarediseases.org/rare-disease-information/rare-diseases/byID/181/viewFullReport。

9 L. Davies (2008, Sept. 18), "Unknown Mozart score discovered in French library," *The Guardian*.

10 M. Doucleff (2012, Feb. 11), "Anatomy of a Tear-Jerker: Why does Adele's 'Someone Like You' make everyone cry? Science has found the formula," *The Wall Street Journal*.

11 你可以在這個網址：www.themozartfestival.org 聽到萊辛格用莫扎特的鋼琴演奏。

12 G. Yaxley et al. (2012), "Diamonds in Antarctica? Discovery of Antarctic Kimberlites Extends Vast Gondwanan Creta-

ceous Kimberlite Province," Research School of Earth Sciences, Australian National University.

13 E. Goldschein (2011, Dec. 19), "The Incredible Story of How De Beers Created and Lost the Most Powerful Monopoly Ever," *Business Insider*.

14 E. J. Epstein (1982, Feb. 1), "Have You Ever Tried to Sell a Diamond?," *The Atlantic*.

15 H. Ford and S. Crowther (1922), *My Life and Work*, Garden City, NY: Garden City Publishing.

16 D. Magee (2007), *How Toyota Became #1: Leadership Lessons from the World's Greatest Car Company*, New York: Penguin Group.

17 A. Johnson (2011, Apr. 16), "One Giant Step for Better Heart Research?," *The Wall Street Journal*.

18 我們的心臟耗費很多能量在抵抗重力以推動血液上。當我們登上太空站，循著軌道環繞地球運行時，血液變成沒有重量，所以達成相同循環程度所需的力量比原來小得多。這就是為什麼在太空中，我們靠著變小很多的心臟仍然能夠活下去的原因。

19 關於這個主題已有許多論文出版，下列這篇是我特別愛讀的：H. Katsume et al. (1992), "Disuse atrophy of the left ventricle in chronically bedridden elderly people," *Japanese Circulation Journal, 53*: 201-206。

20 J. M. Bostrack and W. Millington (1962), "On the Determination of Leaf Form in an Aquatic Heterophyllous Species of Ranunculus," *Bulletin of the Torrey Botanical Club, 89*: 1-20.

3 改變我們的基因

1 工蜂有時也會產卵，但這些卵會孵化為雄蜂。基於蜜蜂生殖遺傳方面的複雜性，工蜂無法產出可以孵化爲雌性工蜂的卵。

2 這篇論文已被將近上百位的其他人士引用過，可說是這個主題的里程碑：M. Kamakura (2011), "Royalactin induces queen differentiation in honeybees," *Nature, 473*: 478。如果你像我一樣覺得蜜蜂實在迷人，你可能也會喜歡這篇論文：A. Chittka and L. Chittka (2010), "Epigenetics of Royalty," *PLOS Biology, 8*: e1000532。

3 F. Lyko et al. (2010), "The honeybee epigenomes: Differential methylation of brain DNA in queens and workers," *PLOS Biology, 8*: e1000506.

4 R. Kucharski et al. (2008), "Nutritional control of reproductive status in honeybees via DNA methylation," *Science, 319*: 1827-1830.

5 B. Herb et al. (2012), "Reversible switching between epigenetic states in honeybee behavioral subcastes," *Nature Neuroscience, 15*: 1371-1373.

6 人類有兩個不同版本的基因：DNMT3A 和 DNMT3B，它們和西方蜜蜂的 Dnmt3 基因在催化區域（catalytic domain）上具同源性和相似性。如果你想再多閱讀一些這方面的資料，請參閱下列論文：Y. Wang et al. (2006), "Functional CpG methylation system in a social insect," *Science, 27*: 645-647。

7 M. Parasramka et al. (2012), "MicroRNA profiling of carcinogen-induced rat colon tumors and the influence of dietary spinach," *Molecular Nutrition & Food Research, 56*: 1259-1269.

8 A. Moleres et al. (2013), "Differential DNA methylation patterns between high and low responders to a weight loss intervention in overweight or obese adolescents: The EVASYON study," *FASEB Journal, 27*: 2504-2512.

9 T. Franklin et al. (2010), "Epigenetic transmission of the impact of early stress across generations," *Biological Psychiatry, 68*: 408-415.

10 R. Yehuda et al. (2009), "Gene expression patterns associated with posttraumatic stress disorder following exposure to the World Trade Center attacks," *Biological Psychiatry*, 66: 708-711; R. Yehuda et al. (2005), "Transgenerational effects of posttraumatic stress disorder in babies of mothers exposed to the World Trade Center attacks during pregnancy," *Journal of Clinical Endocrinology & Metabolism, 90*: 4115-4118.

11 S. Sookoian et al. (2013), "Fetal metabolic programming and epigenetic modifications: A systems biology approach," *Pediatric Research, 73*: 531-542.

4 用進廢退

1 E. Quijano (2013, Mar. 4), "'Kid President': A boy easily broken teaching how to be strong," CBSNews.com.

2 值得慶幸的是，這樣的故事相當罕見，但這仍是個令人難以置信的悲哀故事。H. Weathers (2011, Aug. 19), "They branded us abusers, stole our children and killed our marriage: parents of boy with brittle bones attack social workers who claimed they beat him," *The Daily Mail*.

3 U.S. Department of Health & Human Services (2011), *Child Maltreatment*.

4 早在兩百五十年前，ＦＯＰ便已詳細記載於醫學文獻中，但這種疾病的起因一直是醫學上的一個謎團，直到最近答案才揭曉。如果你想閱讀更多與ＦＯＰ相關的資訊，請參閱下列文章：F. Kaplan et al. (2008), "Fibrodysplasia ossificans progressiva," *Best Practice & Research: Clinical Rheumatology, 22*:

191-205。

5 艾麗的家人已經為他們的女兒及其他ＦＯＰ患者徵召出一支「軍隊」：N. Golgowski (2012, June 1), "The girl who is turning into STONE: Five-year-old with rare condition faces race against time for cure," *The Daily Mail*。

6 如今，對於疑似罹患ＦＯＰ的病人，特別注意他們是否有較大的大腳趾，已經成了標準畸形學檢查的一部分：M. Kartal-Kaess et al. (2010), "Fibrodysplasia ossificans progressiva (FOP): watch the great toes!," *European Journal of Pediatrics, 169*: 1417-1421。

7 A. Stirland (1993), "Asymmetry and activity-related change in the male humerus," *International Journal of Osteoarcheology, 3*: 105-113.

8 「瑪麗玫瑰號」一直留在海底，到一九八二年才被打撈上來。自此之後，科學家們紛紛爭相努力發掘船上水手的身分及軼事：A. Hough (2012, Nov. 18), "Mary Rose: Scientists identify shipwreck's elite archers by RSI," *The Telegraph*。

9 如果你正好對拇趾滑液囊腫／拇趾外翻的遺傳率有興趣，請參閱：M. T. Hannan et al. (2013), "Hallux Valgus and Lesser Toe Deformities Are Highly Heritable in Adult Men and Women: the Framingham Foot Study," *Arthritis Care Research* (Hoboken)。

10 無論什麼原因，我們都可以把沉重的背包視為一種施加酷刑用的裝置，請參閱：D. H. Chow et al. (2010), "Short-term effects of backpack load placement on spine deformation and repositioning error in schoolchildren," *Ergonomics, 53*: 56-64。

11 A. A. Kane et al. (1996), “Observations on a recent increase in plagiocephaly without synostosis,” *Pediatrics, 97*: 877-885; W. S. Biggs (2004), “The ‘Epidemic’ of Deformational Plagiocephaly and the American Academy of Pediatrics’ Response,” *JPO: Journal of Prosthetics and Orthotics, 16*: S5-S8.

12 在你打算把錢花在頭骨塑形頭盔上之前，請參考一下這篇文章：J. F. Wilbrand et al. (2013), “A prospective randomized trial on preventative methods for positional head deformity: physiotherapy versus a positioning pillow,” *The Journal of Pediatrics, 162*: 1216-1221。

13 這是一種非常有趣的魚類，想要了解更多資訊的話，請參閱：J. G. Lundberg and B. Chernoff (1992), “A Miocene Fossil of the Amazonian Fish Arapaima (Teleostei, Arapaimidae) from the Magdalena River Region of Colombia—Biogeographic and Evolutionary Implications,” *Biotropica, 24*: 2-14。

14 M. A. Meyers et al. (2012), “Battle in the Amazon: Arapaima versus Piranha,” *Advanced Engineering Materials, 14*: 279-288.

15 一個極小的遺傳變化，就足以導致可致命的ＯＩ類型產生。然而，這個例子只是個開端而已，還有更多確切事例可以證明單一核苷酸的改變能有多大力量，請參閱：D. H. Cohn et al. (1986), “Lethal osteogenesis imperfecta resulting from a single nucleotide change in one human pro alpha 1(I) collagen allele,” *Proceedings of the National Academy of Science, 83*: 6045-6047。

16 在我們討論的例子裡，事實證明，單是這個核苷酸的改變就能夠致命，因為它可以造成致死類型的成骨不全症。

17 D. R. Taaffe et al. (1995), “Differential effects of swimming versus weight-bearing activity on bone mineral status of

eumenorrheic athletes," *Journal of Bone and Mineral Research, 10*: 586-593.

18 在與太空艙著陸報導一起發布的照片及影片中，可以看到三位太空人重新感受到地球重力時行動突然變得困難的情形，請參閱：P. Leonard (2012, July 2), "'It's a bullseye': Russian Soyuz capsule lands back on Earth after 193-day space mission," The Associated Press。

19 A. Leblanc et al. (2013), "Bisphosphonates as a supplement to exercise to protect bone during long-duration spaceflight," *Osteoporosis International, 24*: 2105-2114.

5 餵飽你的基因

1 氨是我們身體分解蛋白質的代謝過程中常見的副產品。

2 即使你明確知道自己前幾代的先人吃些什麼，還是要考慮熱量的問題。和我們現今相對較低的體力活動比較，這些食物的熱量可能都嫌太高了一點，例如我會想到蘋果派裡用的豬油。

3 如果你隸屬西非或歐洲血統，那麼你的祖先很有可能便是如此。

4 F. Rohrer (2007, Aug. 7), "China drinks its milk," *BBC News Magazine*.

5 這是很有道理的，很多人根本不知道該怎麼做菜，更遑論要煮得美味可口又營養豐富了。如果想知道更多資訊，請參閱這篇文章：P. J. Curtis et al. (2012), "Effects on nutrient intake of a family-based intervention to promote increased consumption of low-fat starchy foods through education, cooking skills and personalized goal setting," *British Journal of Nutrition, 107*: 1833-1844。

6 D. Martin (2011, Aug. 18), "From omnivore to vegan: The dietary education of Bill Clinton," CNN.com.

7 S. Bown (2003), *Scurvy: How a Surgeon, a Mariner and a Gentleman Solved the Greatest Medical Mystery of the Age of Sail*, West Sussex: Summersdale Publishing Ltd.

8 L. E. Cahill and A. El-Sohemy (2009), "Vitamin C Transporter Gene Polymorphisms, Dietary Vitamin C and Serum Ascorbic Acid," *Journal of Nutrigenetics and Nutrigenomics, 2*: 292-301.

9 H. C. Erichsen et al. (2006), "Genetic variation in the sodium-dependent vitamin C transporters, SLC23A1, and SLC23A2 and risk for preterm delivery," *American Journal of Epidemiology, 163*: 245-254.

10 如果你想閱讀更多資料，這裡有一篇文章探討一些這類概念：E. L. Stuart et al. (2004), "Reduced collagen and ascorbic acid concentrations and increased proteolytic susceptibility with prelabor fetal membrane rupture in women," *Biology of Reproduction, 72*: 230-235。

11 第一章提過的主廚傑夫，當他遵照醫生的營養建議進食時，就發現自己陷入了這樣的窘境。

12 如果你想要多讀一些與攝取咖啡因相關的藥物遺傳學資料，請參閱：Palatini et al. (2009), "CYP1A2 genotype modifies the association between coffee intake and the risk of hypertension," *Journal of Hypertension, 27*: 1594-601，以及 M. C. Cornelis et al. (2006), "Coffee, CYP1A2 genotype, and risk of myocardial infarction," *The Journal of the American Medical Association, 295*: 1135-1141。

13 I. Sekirov et al. (2010), "Gut microbiota in health and disease," *Physiological Reviews, 90*: 859-904.

14 通常需要等待幾週的時間，好讓生長中的體腔形成足夠空間。醫生會使用特殊的臨時包覆裝置——稱爲「腹倉袋」（silo），在等待的期間將寶寶的腸子包住保護起來。雖然對腹裂嬰兒的父母及家人而言，腹倉袋看起來可能有點可怕、令人不安，但是這段等待期是必要的，如此才能確保腹腔發育出足夠容納這些腸子的空間，以便最後能把腸子安全地塞回寶寶的體內，再以手術修補縫合腹壁，恢復正常狀況。

15 N. Fei and L. Zhao (2013), "An opportunistic pathogen isolated from the gut of an obese human causes obesity in germfree mice," *The ISME Journal, 7*: 880-884.

16 如果你對這個主題有興趣，想要多讀一些這方面的資料，請參閱下列這篇論文：R. A. Koeth et al. (2013), "Intestinal microbiota metabolism of l-carnitine, a nutrient in red meat, promotes atherosclerosis," *Nature Medicine, 19*: 576-585。

17 S. A. Centerwall and W. R. Centerwall (2000), "The Discovery of Phenylketonuria: The Story of a Young Couple, Two Retarded Children, and a Scientist," *Pediatrics, 105*: 89-103.

18 P. Buck (1950), *The Child Who Never Grew*, New York: John Day.

6 基因用藥

1 如果你想多看一些像梅根這樣的病例，下列這篇文章會是一個很好的開始：L. E. Kelly et al. (2012), "More codeine fatalities after tonsillectomy in North American children," *Pediatrics, 129*: e1343-1347。

2 在期間那幾年，相關人士到底都在做些什麼事呢？一個能夠拯救生命的結論，卻需要經過那麼多緩慢的行動才能達成。不幸的是，情況通常都是如此，這就是醫學運作方式的眞實面貌。請參閱：B. M. Kuehn (2013), "FDA: No Codeine After Tonsillectomy for Children," *Journal of the American Medical Association, 309*: 1100。

3 A. Gaedigk et al. (2010), "CYP2D7-2D6 hybrid tandems: identification of novel CYP2D6 duplication arrangements and implications for phenotype prediction," *Pharmacogenomics, 11*: 43-53; D. G. Williams et al. (2002), "Pharmacogenetics of codeine metabolism in an urban population of children and its implications for analgesic reliability," *British Journal of Anesthesia, 89*: 839-845; E. Aklillu et al. (1996), "Frequent distribution of ultrarapid metabolizers of debrisoquine in an Ethiopian population carrying duplicated and multiduplicated functional CYP2D6 alleles," *Journal of Pharmacology and Experimental Therapeutics*, *278*: 441-446.

4 下列是一些會受基因影響的處方藥物，包括：氯奎寧（chloroquine）；可待因；氨苯碸（dapsone），商品名「達普頌」；二氮平（diazepam），商品名「煩寧」；埃索美拉唑（esomeprazole），商品名「耐適恩」；巰嘌呤（mercaptopurine），商品名「美克多能」；美托洛爾（metoprolol），商品名「舒壓寧」；奧美拉唑（omeprazole），商品名「胃樂適」；帕羅西汀（paroxetine），商品名「賽樂特」；苯妥英（phenytoin），商品名「癲能停」；普萘洛爾（propranolol），商品名「心得安」；利培酮（risperidone），商品名「理思必妥」；他莫昔芬（tamoxifen），商品名「諾瓦得士」；華法林（warfarin），商品名「可邁丁」。

5 羅斯於一九九三年過世，在許多醫生及研究人員的心目中，他真的是一位英雄，這點他的確當之無愧。請參閱：B. Miall (1993, Nov. 16), "Obituary: Professor Geoffrey Rose," *The Independent*。

6 我們已經知道，隨著個人基因遺傳狀況的不同，可待因產生的效果差異非常大。同理，我們也該了解所有的醫學介入方式，都有可能在不同人身上產生截然不同的結果，有些人的情況會轉好，有些人卻會惡化，請參閱：G. Rose (1985), "Sick individuals and sick populations," *International Jour-*

nal of Epidemiology, 14: 32-38。

7 參閱：A. M. Minihane et al. (2000), "APOE polymorphism and fish oil supplementation in subjects with an atherogenic lipoprotein phenotype," *Arteriosclerosis, Thrombosis, and Vascular Biology, 20*: 1990-1997；A. Minihane (2010), "Fatty acid-genotype interactions and cardiovascular risk," *Prostaglandins, Leukotrienes and Essential Fatty Acids, 82*: 259-264。

8 M. Park (2011, April 13), "Half of Americans use supplements," CNN.com.

9 H. Bastion (2008), "Lucy Wills (1888-1964): the life and research of an adventurous independent woman," *The Journal of the Royal College of Physicians of Edinburgh, 38*: 89-91.

10 M. Hall (2012), *Mish-Mash of Marmite: A-Z of Tar-in-a-Jar*, London: BeWrite Books.

11 如果你想多讀一些與這類發現相關的資料，請參閱：P. Surén et al. (2013), "Association between maternal use of folic acid supplements and risk of autism spectrum disorders in children," *The Journal of the American Medical Association, 309*: 570-577。

12 L. Yan et al. (2012), "Association of the maternal MTHFR C677T polymorphism with susceptibility to neural tube defects in offsprings: evidence from 25 case-control studies," *PLOS One, 7*: e41689.

13 A. Keller et al. (2012), "New insights into the Tyrolean Iceman's origin and phenotype as inferred by whole-genome sequencing," *Nature Communications, 3*: 698.

14 我無法保證登錄這個網站取得服務之後，不會引來摩門教傳教士登門造訪：www.familysearch.org。

7 左邊？右邊？選邊站

1 如果你並不是衝浪愛好者，也許你對奧卡路波的認識來自他在《與星共舞》（*Dancing with the Stars*）節目中差強人意的表現。想知道他在以快步舞舞姿踏入這個極受歡迎的電視節目，然後遭到淘汰之前，還經歷過哪些了不起的故事，請參閱下列這本書：M. Occhilupo and T. Baker (2008), *Occy: The Rise and Fall and Rise of Mark Occhilupo*, Melbourne: Random House Australia。

2 P. Hilts (1989, Aug. 29), "A Sinister Bias: New Studies Cite Perils for Lefties," *The New York Times*.

3 L. Fritschi et al. (2007), "Left-handedness and risk of breast cancer," *British Journal of Cancer, 5*: 686-687.

4 如果你想看看迪士尼的這齣動畫短片《夏威夷假期》，請連結下列網址：www.youtube.com/watch?v=SdIaEQCUVbk。

5 但在這方面，你可能沒有自己以爲的那麼厲害，因爲研究顯示：正在講手機的人操控方向盤的表現，一般而言其實跟喝醉的人差不多一樣糟糕。

6 整合分析是綜合了許多類似設計之研究的結果，用以增加統計檢定力及結果的準確度。

7 E. Domellöf et al. (2011), "Handedness in preterm born children: A systematic review and a meta-analysis," *Neuropsychologia, 49*: 2299-2310.

8 如果你對這個主題產生興趣，想要多加了解，可參閱：O. Basso (2007), "Right or wrong? On the difficult relationship between epidemiologists and handedness," *Epidemiology, 18*: 191-193。

9 A. Rodriguez et al. (2010), "Mixed-Handedness is Linked to Mental Health Problems in Children and Adolescents,"

Pediatrics, 125: e340-e348.

10 G. Lynch et al. (2001), *Tom Blake: The Uncommon Journey of a Pioneer Waterman*, Irvine: Croul Family Foundation.

11 M. Ramsay (2010), "Genetic and epigenetic insights into fetal alcohol spectrum disorders," *Genome Medicine, 2*: 27; K. R. Warren and T. K. Li. (2005), "Genetic polymorphisms: impact on the risk of fetal alcohol spectrum disorders," *Birth Defects Research Part A: Clinical and Molecular Teratology, 73*: 195-203.

12 E. Domellöf et al. (2009), "Atypical functional lateralization in children with fetal alcohol syndrome," *Developmental Psychobiology, 51*: 696-705.

13 納蘭霍的故事真的令人讚歎，請務必上網到 YouTube 看看介紹他如何工作的影片，同時也別錯過這篇文章：B. Edelman (2002, July 2), "Michael Naranjo: The Artist Who Sees With His Hands," *Veterans Advantage*; http://www.veteransadvantage.com/cms/content/michael-naranjo。

14 S. Moalem et al. (2013), "Broadening the ciliopathy spectrum: Motile cilia dyskinesia, and nephronophthisis associated with a previously unreported homozygous mutation in the INVS/NPHP2 gene," *American Journal of Medical Genetics Part A, 161*: 1792-1796.

15 這隕石會不會只是在落入湖中時，沾染到少量外來的胺基酸呢？下列文章是科學家的說明：D. P. Glavin et al. (2012), "Unusual nonterrestrial l-proteinogenic amino acid excesses in the Tagish Lake meteorite," *Meteoritics & Planetary Science, 47*: 1347-1364。

16 S. N. Han et al. (2004), "Vitamin E and gene expression in immune cells," *Annals of the New York Academy of Sciences, 1031*: 96-101.

17 G. J. Handleman et al. (1985), "Oral alpha-tocopherol supplements decrease plasma gamma-tocopherol levels in humans," *The Journal of Nutrition, 115*: 807-813.

18 J. M. Major et al. (2012), "Genome-wide association study identifies three common variants associated with serologic response to vitamin E supplementation in men," *The Journal of Nutrition, 142*: 866-871.

8 人人都是X戰警

1 想了解更多資訊，請造訪國家地理學會（National Geographic Society）的「基因圖計劃」網址：https://genographic.nationalgeographic.com。

2 M. Hanaoka et al. (2012), "Genetic Variants in EPAS1 Contribute to Adaptation to High-Altitude Hypoxia in Sherpas," *PLOS One, 7*: e50566.

3 飛機駕駛員和空勤人員需要當心的症狀之一，就是出現突如其來的傻笑，這有可能是機艙壓力降低造成缺氧現象的徵兆。

4 P. H. Hackett (2010), "Caffeine at High Altitude: Java at Base Camp," *High Altitude Medicine & Biology, 11*: 13-17.

5 這是可口可樂在一九四〇年代中期的廣告口號。

6 A. de La Chapelle et al. (1993), "Truncated erythropoietin receptor causes dominantly inherited benign human erythrocytosis," *Proceedings of the National Academy of Sciences, 90*: 4495-4499.

7 阿帕·雪巴於二〇〇六年與妻兒搬到美國之後，每年都會返回尼泊爾數次，呼籲大家重視氣候變遷的問題，以及雪巴族群迫切需要更佳教育的問題。想知道更多與阿帕·雪巴有關的資訊，請參閱下列文章：M. LaPlante (2008, June 2), "Everest record-holder proudly calls Utah home," *The Salt Lake Tribune*。

8 D. J. Gaskin et al. (2012), "The Economic Costs of Pain in the United States," *The Journal of Pain, 13*: 715-724.

9 B. Huppert (2011, Feb. 9), "Minn. girl who feels no pain, Gabby Gingras, is happy to 'feel normal,'" KARE11; K. Oppenheim (2006, Feb. 3), "Life full of danger for little girl who can't feel pain," CNN.com.

10 J. J. Cox et al. (2006), "An SCN9A channelopathy causes congenital inability to experience pain," *Nature, 444*: 894-898.

9 駭進你的基因體

1 如果你想深入了解與多種不同類型癌症盛行率相關的統計資訊，美國癌症協會的網站會是個很好的起點：www.cancer.org。

2 C. Brown (2009, Apr.), "The King Herself," *National Geographic, 215*(4).

3 現在還不清楚在某些種類恐龍的癌症發展過程中，飲食究竟扮演了什麼樣的角色，因爲似乎並不是所有種類的恐龍都會受到同等影響。如果你想多了解一些這方面的迷人研究結果，請參閱：B. M. Rothschild et al. (2003), "Epidemiologic study of tumors in dinosaurs," *Naturwissenschaften, 90*: 495-500，以及 J. Whitfield (2003, Oct. 21), "Bone scans reveal tumors only in duck-billed species," *Nature News*。

4 資料來自世界衛生組織（World Health Organization）。

5 想知道更多與肺癌罹患率及罹患原因相關的資訊，請上美國疾病控制與預防中心（Centers for

Disease Control and Prevention）網站：www.cdc.gov。

6 A. Marx (1994-1995, Winter), "The Ultimate Cigar Aficionado," *Cigar Aficionado*.

7 不過，事實上許多這類出版品都從香菸廣告得到極大收益。

8 R. Norr (1952, December), "Cancer by the Carton," *The Reader's Digest*.

9 如果你對與吸菸相關的其他歷史人物有興趣，請上這個網站：www.lung.org。

10 資料出自《現在請看》（*See It Now*）節目於一九五五年六月七日播出之內容錄音謄稿，此錄音由 Hill and Knowlton 公司於節目在ＣＢＳ電視台播出時錄製。

11 U.S. Department of Agriculture (2007), *Tobacco Situation and Outlook Report Yearbook*, Centers for Disease Control and Prevention, National Center for Health Statistics, National Health Interview Survey 1965-2009.

12 《現在請看》節目於一九五五年六月七日播出的這集〈香菸與肺癌〉（"Cigarettes and Lung Cancer"）的全部文字紀錄，可以在 Legacy Tobacco Documents Library 的網站上看到：www.legacy.library.ucsf.edu/tid/ppq36b00。

13 對於劍齒虎（其實牠們不是老虎）究竟以哪類動物為獵食對象有諸多猜測，不過研究人員指出，依照牠們存活的時期與地區來看，我們某些最早的祖先的確有被牠們吃掉的可能：L. de Bonis et al. (2010), "New sabre-toothed cats in the Late Miocene of Toros Menalla(Chad)," *Comptes Rendus Palevol., 9*: 221-227。

14 B. Ramazzini (2001), "De Morbis Artificum Diatriba," *American Journal of Public Health, 91*: 1380-1382.

15 T. Lewin (2001, February 10), "Commission Sues Railroad to End Genetic Testing in Work Injury Cases," *The New*

York Times.

16 P. A. Schulte and G. Lomax (2003), “Assessment of the Scientific Basis for Genetic Testing of Railroad Workers with Carpal Tunnel Syndrome,” *Journal of Occupational and Environmental Medicine, 45*: 592-600.

17 這些一般而言都是患有特殊疾病的家庭，而且所罹患之疾病的罕見性，使研究者可以很容易就辨識出他們來，這也正是令人憂心的地方：M. Gymrek et al. (2013), “Identifying Personal Genomes by Surname Inference,” *Science*, 339: 321-324。

18 J. Smith (2013, Apr. 16), “How Social Media Can Help (or Hurt) You in Your Job Search,” Forbes.com.

19 美國對於雇主及醫療保險承保機構所能查詢的遺傳資訊有所限制。

20 二〇一二年，生物倫理問題研究總統諮詢委員會（Presidential Commission for the Study of Bioethical Issues）發布一份報告，指出愈來愈多人擔心個人隱私遭到侵犯，並呼籲應將這類測試列爲非法行爲：S. Begley (2012, Oct. 11), “Citing privacy concerns, U.S. panel urges end to secret DNA testing,” *Reuters*。

21 A. Jolie (2013, May 14), “My Medical Choice,” *The New York Times*.

22 D. Grady et al. (2013, May 14), “Jolie’s Disclosure of Preventive Mastectomy Highlights Dilemma,” *The New York Times*.

10 訂做一個寶貝

1 Wrecksite 是世上最大的沉船線上資料庫，裡面包含了十四萬艘以上沉船最後安息地的相關資訊。它也是一個資訊寶庫，可以從中得知許多船隻在遇上致命結局的當時，船上的情況是什麼樣子的：http://www.wrecksite.eu。

2 請參見：I. Donald (1974), "Apologia: how and why medical sonar developed," *Annals of the Royal College of Surgeons of England*, *54*: 132-140。

3 這個故事及更多關於德國潛艇的軼事，都可以在這個網站上找到：www.uboat.net。

4 R. Brooks (2013, Mar. 4), "China's biggest problem? Too many men," CNN.com.

5 Y. Chen et al. (2013), "Prenatal Sex Selection and Missing Girls in China: Evidence from the Diffusion of Diagnostic Ultrasound," *The Journal of Human Resources*, *48*: 36-70.

6 在美國歷史上，曾經有一度——而且不算太久之前——所謂的服裝「專家」，曾經建議父母應讓男孩穿著粉紅色衣物、女孩穿著藍色衣物。不過，到了一九五〇年代及一九六〇年代，性別典範整個遭到翻轉。如果不是因爲超音波掃描檢查的出現，這種典範模式可能會像成人服裝的時尚色彩那樣再度翻轉回去，或是全然改變：J. Paoletti (2012), *Pink and Blue: Telling the Boys from the Girls in America*, Indiana University Press。

7 這個案例是之前公布過的病例報告與其他類似病人遭遇的綜合描述，其中所用的姓名、敘述及場景都經過更動。

8 梅約診所疾病索引（Mayo Clinic's Disease Index）中有一系列頁面，詳盡介紹尿道下裂及其他數以千計的病症：http://www.mayoclinic.com/health/DiseasesIndex。

9 這可能是人類最常見的體染色體隱性遺傳疾病之一。P. W. Speiser et al. (1985), "High frequency of non-classical steroid 21-hydroxylase deficiency," *American Journal of Human Genetics*, *37*: 650-667.

10 染色體像時鐘的指針一樣，有一條短臂（我們把它命名為「p」），另一條通常會長一點（我們把它命名為「q」）。每個染色體各有其獨特的條紋模式，使得它在顯微鏡下呈現如條碼般的外觀。這種獨一無二的條紋模式，正是細胞遺傳學家用來辨識及評估染色體之完整性及品質如何的依據。

11 基因晶片檢測（aCGH）和染色體核型檢測不同，它的重大限制之一，就是無法讓你獲知基因體各個部位的遺傳物質是否有平衡轉位（balanced translocation）或反轉（inversion）的情形。這點很重要，如果我們也用一冊冊百科全書的例子來比喻說明，此類改變可以導致書裡面的詞條排序變得混亂；對基因體來說，這種情況將造成問題。aCGH並沒有辦法告訴你是否發生這類情況。

12 在許多關於「海吉拉」的迷信中，有一項是許多印度人相信舉行婚禮時必須要有「海吉拉」在場，或是待在附近，這樣會帶來好運：N. Harvey (2008, May 13), "India's transgendered—the Hijras," *New Statesman*。

13 莫雷斯基的完整錄音雖然有許多刮擦聲，音量也時大時小，但仍然相當吸引人。目前已有內含十八首曲子的CD問市：*The Last Castrato* (1993), Opal。

14 K. J. Min et al. (2012), "The lifespan of Korean eunuchs," *Current Biology*, 22: R792-R793.

15 這段經常被誤認為美國詩人暨思想家愛默生（Ralph Waldo Emerson）所說的名言，最早似乎是出現在某位匿名證券交易商所著的書中，直到數年之後，《紐約時報》才公開這位作者的真實身分。請參看：H. Haskins (1940), *Meditations in Wall Street*, New York: William Morrow。

11 罕見疾病告訴我們的事

1 這比整個德州的人口還要多，資料出自美國罕見疾病組織。

2 脂肪向來聲名狼藉，但對大多數人來說，它卻是維持生命不可或缺的東西。下列這項研究發現，脂肪攝取量與憂鬱症之間的關係，可能比我們最初預期的還要複雜，並且可能取決於特定類型的脂肪：A. Sánchez-Villegas et al. (2011), "Dietary Fat Intake and the Risk of Depression: The SUN Project," *PLOS One, 26*: e16268。

3 心臟病有時被稱爲「隱藏的流行病」：D. L. Hoyert and J. Q. Xu (2012), "Deaths: Preliminary data for 2011," *National Vital Statistics Reports, 61*: 1-5。

4 阿托伐他汀並不是第一種被開發出來的史他汀藥物，卻是最廣爲人知的一種。

5 S. C. Nagamani et al. (2012), "Nitric-oxide supplementation for treatment of long-term complications in argininosuccinic aciduria," *American Journal of Human Genetics, 90*: 836-846; C. Ficicioglu et al. (2009), "Argininosuccinate lyase deficiency: Longterm outcome of 13 patients detected by newborn screening," *Molecular Genetics and Metabolism, 98*: 273-277.

6 A. Williams (2013, Apr. 3), "The Ecuadorian dwarf community 'immune to cancer and diabetes' who could hold cure to diseases," *The Daily Mail.*

7 基底細胞其實是美國最常見的皮膚癌，每年大約有兩百萬個新病例被診斷出來，但它並不是最致命的皮膚癌類型。當然，並不是每個罹患基底細胞癌的人，都患有戈林症候群。

8 戈林症候群不是唯一一種會造成此類型趾間有蹼情況的疾病，所以如果你有併趾的問題，並不代表你就可能會罹患皮膚癌。

9 你可能會想知道這名字從何而來，「音蝟」（Sonic Hedgehog）其實源自 Sega 電玩遊戲《音速小子》的主角，它是一隻藍色的刺蝟。

10 N. Boutet et al. (2003), “Spectrum of PTCH1 mutations in French patients with Gorlin syndrome,” *The Journal of Investigative Dermatology*, *121*: 478-481.

11 A. Case and C. Paxson (2006), “Stature and Status: Height, Ability, and Labor Market Outcomes,” National Bureau of Economic Research Working Paper No. 12466.

12 一般都認為拿破崙很矮，而且他的身高對他想稱霸世界的野心有很大的影響；法國人長期以來一直努力想駁斥這種說法，但始終沒有成功：M. Dunan (1963), “La taille de Napoléon,” *La Revue de l'Institut Napoléon, 89*: 178-179。

13 V. Ayyar (2011), “History of growth hormone therapy,” *Indian Journal of Endocrinology and Metabolism, 15*: S162-S165.

14 Rosenbloom (2011), “Pediatric Endo-Cosmetology and the Evolution of Growth Diagnosis and Treatment,” *The Journal of Pediatrics,158*: 187-193.

國家圖書館出版品預行編目(CIP)資料

遺傳密碼 : 我們不是被動的基因繼承者，童年創傷、飲食及生活習慣的改變，都能改變基因體的表現 / 薛朗・莫艾倫（Sharon Moalem）著；陳志民譯.
-- 初版. -- 臺北市 : 大塊文化, 2016.03
320 面；14.8x21 公分. -- (from ; 113)
譯自 : Inheritance : how our genes change our lives, and our lives change our genes
ISBN 978-986-213-687-4(平裝)

1.遺傳學 2.基因

363　　105001895

每位罕見遺傳疾病患者的身體深處，都潛藏著一個祕密。
有一天這個祕密，將會成為治癒及造福我們每個人的利器。

LOCUS

LOCUS

LOCUS

LOCUS